民用飞机防除冰系统

朱永峰 张 明 周景锋 杨秋明 主编

航空工业出版社

北京

内 容 提 要

本书总结了飞机防除冰系统的研究状况，包括结冰气象、形成机理、仿真、系统设计、试验、关键技术等，系统地地分析了国内外十五型目前主要在役民用飞机防除冰系统的工作原理、性能、设计特点、结冰事故等，并按照飞机问世时间的先后，分析了其技术演进路线。

本书可供从事飞机防除冰系统研究、设计、制造、维护工作的工程技术人员参考，对航空工业、民航、部队、院校有关人员也是一本有益的参考书。

图书在版编目（ＣＩＰ）数据

民用飞机防除冰系统 / 朱永峰等主编． —— 北京：
航空工业出版社，2021.12
    ISBN 978-7-5165-2817-4

Ⅰ．①民… Ⅱ．①朱… Ⅲ．①民用飞机 - 防冰系统 -
研究   Ⅳ．①V244.1

中国版本图书馆 CIP 数据核字（2021）第 254918 号

民用飞机防除冰系统
Minyong Feiji Fangchubing Xitong

航空工业出版社出版发行
（北京市朝阳区京顺路 5 号曙光大厦 C 座四层   100028）
发行部电话：010-85672666   010-85672683

三河市华骏印务包装有限公司印刷   全国各地新华书店经售
2021 年 12 月第 1 版   2021 年 12 月第 1 次印刷
开本：787×1092   1/16   字数：291 千字
印张：13.25   定价：78.00 元

前　言

现代飞行器特别是民用飞机都要具备全天候飞行能力，在飞行过程中遇到结冰气象条件是不可避免的，其翼面、进气道前缘等部位出现结冰也会必然发生。结冰会破坏飞行器的气动外形、损伤发动机等，是造成飞行事故的一个重要原因，因此，现代民用飞机都必须具备防除冰能力，满足适航要求，按规定的结冰气象条件设计防除冰系统，并按规定进行验证。

国内因飞行器防除冰能力不足或使用不当出现过严重的飞行灾难事故。本书编者认为有必要对已广泛使用的民用飞机的防除冰系统进行深入分析和研究，对于提高国内飞行器防除冰系统的设计水平，进而提高飞行器的安全性具有重要意义。

本书首先分析了飞机防除冰的研究状况，包括结冰气象、结冰形成机理、数值仿真、系统设计、系统试验、关键技术等方面，使读者对于飞行器防除冰的各方面有一个比较全面的了解。然后系统地分析了国内外十五型目前主要在役民用飞机（空中客车、波音各六型飞机）防除冰系统的工作原理、性能参数、设计特点、结冰事故等，并分析了各系列飞机的技术演进路线。

北京航空航天大学林贵平教授、航空工业一飞院封文春研究员对本书进行了审校，在此表示衷心感谢。

本书可供工程技术人员参考使用，也可作为本专业领域的教学和培训参考资料。

在本书编写过程中，参考了大量新近文献，在此对给予编者大力支持和帮助的各位人士表示衷心感谢。由于编者水平有限，有不妥和错误之处，希望读者批评指正。

编　者

目　　录

第1章 绪　　论

我国航空工业经历了几十年的发展，建立了完整的航空工业体系，已经成功研制出多型歼击机、歼击轰炸机。其中研制出的轰 6 系列轰炸机，飞豹系列歼击轰炸机，10、11、15、16 多型第三代战斗机和以 J20 为代表的第四代战斗机，使我国成为世界上少数几个能够自主研发四代战机的国家。在 21 世纪前，我国研制的运输类飞机主要是运 7 系列和运 8 系列飞机，其中运 7 系列飞机用于军、民用，运 8 系列飞机用于军用，两款飞机原型分别是测仿苏联的安 –24、安 –12 运输机，并不是全过程自主研制。

进入 21 世纪后，我国启动了多项军、民用运输机研制计划，弥补在该方面多年来的短板和空白。新型喷气式支线客机 ARJ21–700 于 2000 年立项，2008 年实现首飞，2018 年取得中国民航颁发的适航证，进入航空公司从事商业运营。大飞机工程专项于 2007 年经国务院批准并正式启动，工程包含 C919 民用客机和大型军用运输机运 20，其中运 20 于 2013 年实现首飞，2016 年开始列装部队，2020 年完成设计鉴定。C919 于 2017 年实现首飞，目前正在进行适航取证试飞。之后，国家又启动了 AG600 大型灭火 / 水上救援水陆两栖飞机和螺旋桨支线客机 MA700 项目，AG600 于 2018 年实现首飞，目前正在进行科研试飞；MA700 正在进行工程研制。可以看出，从 2000 年至今的 20 年时间里，我国在运输类飞机研制方面启动了多个型号研制，并取得了丰硕的成果。

对于战斗机、歼击轰炸机，由于其快速、机动性强的特点，一般不需要具备防除冰能力；对于运输类飞机：安全性、经济性、舒适性、环保性是民用飞机是否成功的主要指标，安全性、可靠性是军用运输机是否成功的主要指标，防除冰能力是保证飞行安全性的重要因素和体现，也是工程研制的关键技术之一。正是基于各型飞机的实际需求和当时国家财力的限制，在 2000 年前，我国在飞机防除冰方面的投入和研究非常少，基础非常薄弱，也只有北航、南航几所高校的几个教授在比较系统地开展该方面的研究。航空工业部门没有完整研制过飞机防除冰系统，研制能力和经验也极度匮乏；2000 年后，基于上述多款运输机的研制需求牵引，国家开始投入大量的财力和人力在飞机的防除冰技术研究方面，其中包括国家安全重大基础研究项目、引进消化再吸收对外合作项目、基础设施冰风洞的建设等方面，一大批高校的教授和相关研究机构的研究人员开始从事飞机防除冰的研究，并取得了大量的科研成果，有力地支撑了上述新型飞机的研制，与此同时，工业部门和飞机用户也开始着力解决已有的老旧型号飞机存在的防除冰方面的不足，提升现有在役飞机的安全性。

本书编者团队作为飞机系统的科研人员，负责过 ARJ21-700 飞机防除冰系统的研制和大型军用运输机运 20 飞机防除冰系统的研制，参与了 C919 民用客机和大型水上飞机 AG600 防除冰系统的研制，正在进行螺旋桨支线客机 MA700 防除冰系统的研制，正是基于这些飞机的工程研制经验总结，完成了本书的编写。

飞机在大气层中飞行时，由于大气层中存在过冷液态水滴、冰晶等，在某些条件下飞机某些部位结冰成为必然现象。飞机属于高速运动体，外形对其气动性能影响大，而飞机结冰后冰形会破坏飞机原有的气动外形，造成气动特性的变化，具体对飞机的影响主要包括：

（1）固定翼飞机翼面（机翼、垂直尾翼、水平尾翼）结冰会改变飞机表面的压力分布、导致边界层过早地分离，从而降低飞机的升力、增大飞机的阻力、减小飞机的失速迎角、使飞机发生颤振，以及降低飞机的操作效率等。试验表明：在没有设置防冰保护措施的机翼表面上结冰可导致机翼阻力增大 40%，同时升力减少 30%（见图 1-1）。

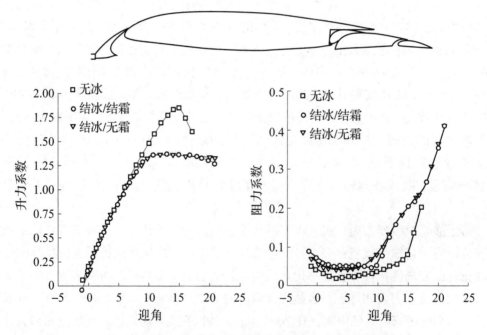

图 1-1　波音 737-200 飞机机翼结冰对升力、阻力的影响

注：持续时间 10min；温度 26℉；速度 159ft/s；液态水含量 0.92g/m³；水滴平均容积直径 14.4μm。

（2）直升机的旋翼桨叶或螺旋桨发动机的桨叶结冰可导致其效率大幅降低。

（3）发动机进气道唇口结冰，除了影响发动机的进气性能外，脱落的冰块可能损坏发动机的风扇叶片。

（4）大气数据传感器结冰会造成信息错误，影响飞机飞行控制。

（5）机头雷达罩结冰会使飞机阻力增加。

为了避免因结冰对飞机性能产生的损失，工程技术人员已研制了多种防除冰方法用于除去飞机表面的冰层或者阻止飞机表面产生结冰。然而防除冰系统的故障和飞机表面除冰后的残留冰仍会对飞机的性能造成影响。另外，应用新材料的现代机翼虽然具有很高的气动效率，但同时这种新型机翼翼型对外形的变化更敏感，需要效果更好的防除冰系统以保证其气动效率和安全性裕度，这些需求对飞机的防除冰能力提出了更高的要求，也同时促使飞机防除冰技术的快速发展。

结冰是飞机飞行过程中最大的潜在威胁之一，根据 1982 年到 2000 年的统计数据，在所有气象导致的不安全飞行事件中结冰的影响占 12%，其中地面防除冰占 8%；发动机进气道唇口结冰导致不安全飞行事件占 52%；机体结冰占 40%。表 1-1 给出了从 1974—1994 年间国际上发生的与结冰有关的部分飞行事故。

表 1-1　与结冰有关的飞行事故（1974—1994 年）

Date	Location，Airline and Aircraft Type	Precipitation/Observations
26 Jan. 74	Cumaovas THY F28	Frost accretion on the wings
03 Jan. 77	Anchorage JAL DC-8-62	Fog
04 Jan. 77	Frankfurt 波音 737	Light snow，rime ice
27 Nov. 78	Newark TWA DC-9-10	Blowing rain and snow
20 Dec. 78	Mineapolis N4OSN Learjet	Probable cause：snow and ice on the wing
19 Jan. 79	Detroit N73161 Learjet	Premature stall，ice on the wing
12 Feb. 79	Clarksburgh ALLEGHENY Nord 262	Light snow，frozen snow on empennage
18 Feb. 80	Boston REDCOTE Bristol 253	Light snow
13 Jan. 82	Wash. D.C. AIR FLORIDA 波音 737	Moderate to heavy snowfall
05 Feb. 85	Philadelphia AIRBORNE DC-9-10	Light freezing rain，ice & snow pellets fog
12 Dec.85	Gander ARROW AIR DC-8-63	Light freezing drizzle，snow grains
15 Nov. 87	DENVER CONTINENTAL DC-9-10	Moderate snow，fog
18 Jan. 88	New Mexico N2614U Cessna 402	Prob. Cause：Ice/Frost removal inadequate
06 Feb. 88	California N2832J Cessna	Ice/Frost removal inadequate
23 Dec. 88	Montana N5570H Piper	Probable cause：Wing ice
10 Mar. 89	Dryden AIR ONTARIO F28	Heavy snow
15 Nov. 89	Kimpo KOREAN AIR F28	Dense fog，ice on the wing
16 Feb. 91	Cleveland RYAN DC-9-10	Light snow

表 1-1（续）

Date	Location，Airline and Aircraft Type	Precipitation/Observations
Dec. 91	Stockholm SAS MD-80	Freezing precipitation，ice on the wing
22 Mar. 92	LaGuardia，NY USAIR F28	Heavy snow
31 Oct. 94	Roselawn，IN American Eagle Atr72	Probable cause，ice due to freezing rain

据 NTSB（美国国家运输安全委员会）统计，1975 年到 1980 年，美国就因飞机结冰造成事故 178 起；1990 年到 1999 年期间由于气象原因引起的飞行事故共 3230 起，其中结冰引起的事故 388 起（占比 12%）；2003 年到 2008 年因飞机结冰造成的飞行事故 380 起。因此，飞机结冰被航空界认定为影响飞行安全的 6 大气象因素之一。图 1-2 给出了 1982 ~ 2000 年飞机结冰灾难统计。

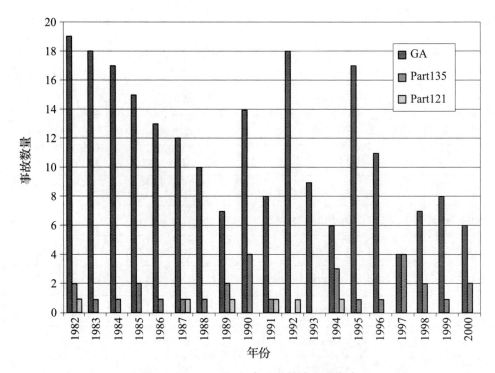

图 1-2　1982 ~ 2000 年飞机结冰灾难统计

我国在 21 世纪也发生了多起与结冰有关的一等事故，造成了人员和财产的巨大损失，具体如下：

● 2001 年 1 月 4 日，河南两架运输机因平尾结冰，在降落过程中坠毁。

● 2004 年 11 月 21 日，在包头一架东方航空公司 CRJ-200 飞机由于地面除冰工作不到位，机翼和平尾结霜，起飞后失速，在很短时间内坠毁，造成机上 53 人和地面 2 人死亡。

● 2006 年 6 月 3 日，空军一架运输机在安徽芜湖上空由于飞行过程中结冰，导致飞机失控坠地，死亡多人。

● 2018 年 1 月 29 日，贵州一架运输机因平尾结冰导致失控坠毁，造成多人死伤事故。

基于上述分析，飞机防除冰系统设计研究对运输类飞机的飞行安全有着重要的现实意义。

第2章　防除冰系统设计基础

飞机结冰和防除冰研究涉及航空气象学、空气动力学、流体力学、传热学等学科。按工程研制可分为结冰气象条件和机理研究、结冰的数值模拟、防除冰系统设计、防除冰系统试验研究等分支。

里程碑式的研究成果如下：

- 1940—1950 年，NACA 在 Lewis 风洞测试大量翼型特性和结冰数据，了解结冰过程；
- 1940 年、1946 年，Taylor，Langmuir 分别提炼出水滴撞击曲线公式；
- 1950 年，NACA 计算水滴撞击区域分布；
- 1958 年，Gray 给出预测结冰状态下翼型阻力的经验公式；
- 1970 年，NACA Lewis 通过试验得到新的结冰数据，用计算机模拟冰增长；
- 1980 年，NASA 等开发了多款数值模拟程序（包括 LEWICE 软件）；
- 1992 年，Kwon 和 Sankar 开发了能够求解三维可压缩 N–S 方程的模型；
- 1993 年，麻省理工学院的 Hansman 开展结冰表面试验研究，对结冰表面液体流动、粗糙度、传热等开展研究；
- 1993 年，ONERA 研究中心 Guffond 和 Hedde 开发了冰层增长程序；
- 2014 年，FAA 发布了 FAR25 附录 O 与 FAR33 附录 D，定义了过冷大水滴、冰晶的结冰气象条件。

2.1　结冰气象和结冰机理

结冰气象的基础知识包括：大气的结构与成分、大气的水循环、云的形成、云的类型、易结冰的云层（层云、积云）、锋面结冰、连续结冰和间断结冰的极限数据等。20 世纪 40 年代，美国联邦航空管理局（FAA）就认识到结冰对飞行的危害及对飞机表面的污染，由美国军方和美国国家航空咨询委员会（NACA）组织实施基于各种气象条件下的飞行调查，FAA 采用了两个标准极限数据，用于保证运输机和喷气式飞机在结冰条件下的飞行。这两个极限数据定义了连续最大结冰和间断最大结冰的极限数据，它体现了可能对飞机飞行造成影响的一个综合的结冰气象条件，形成了 FAR25 附录 C 所规定的结冰气象条件。

1994 年，美国 Eagle 航空公司的 ATR-72 飞机在芝加哥上空下降过程中坠毁，美国国家运输安全局（NTSB）调查结果显示：飞机完全符合现有的飞机防除冰适航要求，包括运营过程中的持续适航要求，该事故中飞机在盘旋等待和下降过程中遭遇了超出 FAR25 附录 C 之外的更严重的结冰环境，其中还有直径超过 $100\mu m$ 的过冷大水滴。FAA 制订了一项包含 SLD 结冰在内的结冰问题长期研究规划，并委托航空规章制定修改咨询委员会（ARAC）开展研究。FAA 基于 ARAC 研究报告新增 FAR25 附录 O "SLD 结冰条件"、25.1420 "SLD 结冰条件"和 25.1324 "迎角系统"等要求，并修订若干结冰相关条款。

结冰的物理特征包括大气中冰的形成、过冷水滴、飞机结冰机理（楔形冰、槽状冰）、结冰范围、冰增长等。

影响结冰的物理因素包括液态水含量、温度、水滴直径、水收集系数、空气流速、结冰强度等。

国内结冰气象目前引用 FAR25 附录 C 规定的大气结冰条件，但实际上该气象条件源于欧美地区，中国的一些特殊情况可能并未涵盖，如中国南方经常出现的冻雨，可能就需要针对性开展研究。国内在结冰机理微观层面最近几年有不少研究成果，有了一些发现，但仍然不能全面、完整地解释各种结冰现象。

2.2　数值模拟

结冰数值模拟主要分为四个部分：①流场计算；②水滴轨迹计算；③热力分析；④冰层生长计算。结冰数值模拟的计算过程是一个相互耦合的过程，流场计算提供翼型表面及其周围的速度场；水滴撞击特性计算通过求解水滴的运动方程获得撞击在表面的水滴在流场中的轨迹；热力分析依据质量与能量守恒方程，计算控制体积相关的焓变、内能。

鉴于结冰试验需要的条件复杂、试验费用大，另外，随着 CFD 技术的发展，结冰数值模拟取得快速发展，并成为飞机研制的必备手段。在飞机结冰防护的设计和适航取证中应用的有：美国 NASA 格利研究中心的 LEWICE，加拿大庞巴迪（Bombardier）的 CANICE，意大利 CIRA 的 HEICE、MULTI-ICE，英国 DERA 的 TRAJICE2，法国的 ONERA 等，上述软件都拥有配套的冰风洞作为试验数据库，一般仅服务于本国飞机结冰研究，并未实现商业化。加拿大 NTI 公司的 FENSAP-ICE 已成功商业化，广泛使用。

（1）CANICE

CANICE 由加拿大庞巴迪公司的 J.A. 教授与公司下属的 Advanced Aerodynamic 小组联合开发。数学模型包括系统分析的 4 个不同区域以模拟单一翼型或多段翼型的结冰或防冰。4 个区域如图 2-1 所示，主要包括：①外部流动区；②冰 / 水交界面；③固体壁面；④内部热气区域。

该软件已被广泛验证，同时参与了 NATO/RTO 的测试，根据测试结果，还需要修改并提高其数学模型的精度，在槽状冰以及过冷大水滴（SLD）情况下冰形的预测有待提高。

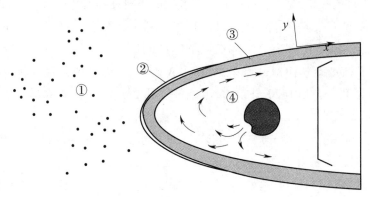

图 2-1　冰增长模拟标准 CANICE 下的不同区域
①—外部流动区；②—冰／水交界面；③—固体壁面；④—内部热气区域

该程序基于现有的面元法，数学模型主要基于 Messinger 模型。虽然 CANICE 已开发多年，但还有很大的提升空间，仍然需要理解冰增长的物理知识，结合新的技术方法使其更加可靠，将要进行以下方面的改进：

● 计算表面摩擦系数和传热系数的程序是基于 Kays and Crawford's 的近似球体的关系式，需要利用最新的冰形试验数据来修正这种比率关系。

● 不支持 SLD 算例，目前通过经验关系式来决定粗糙度。

● 未使用试验中得到的相对湿度，为了更好地模拟试验条件，可以考虑选择合适的相对湿度。

● 物理计算中用到恒定数值如密度、黏性、导热系数以及潜热，没有考虑温度的影响。

● 冰的密度取固定值，在切向上冰的密度有影响，应修正到程序中。

（2）LEWICE

20 世纪 80 年代，美国 NASA 的 Lewis 研究中心研制了 LEWICE 的第一个版本 LEWICE 0.1，包括三个模块：势流计算模块、水滴轨迹模块和能量平衡模块。经过逐步完善，先后经历了 LEWICE 0.5、1.0、1.3、1.6、2.0、3.0 版。

LEWICE 软件分为三个大部分：结冰冰形预测软件 LEWICE、防冰系统设计软件 LEWICE/Thermal 和 ANTICE、结冰对飞机性能影响预测软件 SmaggICE。

LEWICE 冰形预测软件包含 4 个主要模块：①流场计算；②水滴轨迹和撞击计算；③热力学和冰的生长计算；④根据冰的增量修改几何外形。

LEWICE 对结冰过程的模拟采用时间推进的方法，首先对一个干净的几何表面进行流场和水滴撞击的计算，然后通过热力学模型得出表面上各处的冰生长率，在一个微小时间段内，冰生长率可用结冰厚度表示，最终反映到几何外形坐标的调整。这个过程不断重复，直至达到给定的结冰时间。

LEWICE/Thermal 软件用于电热防冰以及除冰研究，ANTICE 用于热气以及电热防冰研究。

流场的计算最初采用势流方程，目前使用 N–S 方程计算流场。水滴轨迹和撞击极限的计算采用 Lagrange 法，能够同时计算不同水滴直径的水滴撞击极限。热力学分析基于 Messinger 模型。

对流换热系数的计算为边界层积分法，边界层分离位置由一个基于表面粗糙度和粗糙点速度的雷诺数进行判定，表面按照等温处理。

LEWICE 的验证：通过在角冰长度、角冰角度、滞止点厚度、冰形截面积以及撞击极限等几个方面和试验数据的定量比较，LEWICE 的预测冰形和试验数据之间大概有 7.2% 的差别，防除冰模型中预测的表面温度与试验测量值吻合性较好。

（3）ONERA

法国的 ONERA 早期是一种结冰预测软件，从 2D 到 3D，又逐渐发展成现今的可进行防除冰模拟的综合软件，功能包括 5 个模块：①外流场的无黏计算：包括网格生成模块，以及拉格朗日法或者欧拉法计算外流场模块；②水滴轨迹和局部收集系数计算模块；③边界层计算模块：基于粗糙度模型的对流换热系数预测；④溢流水计算模块；⑤热力平衡和冰形计算模块。

（4）FENSAP–ICE

FENSAP–ICE 是 20 世纪 90 年代末由加拿大 NTI 公司的 Habashi 教授开发研制，2015 年被美国 ANSYS 公司收购，它紧密联系 CFD 技术，采用全三维、基于偏微分方程（PDE）的方法。它包括 5 个模块：

- FENSAP：外流场求解器；
- OptiGrid：流场计算模块以及自动化的网格优化模块，用湍流模型模拟外流场的湍流流动，使用有限元法（FEM）求解 N–S 方程；
- DROP3D：水滴轨迹和撞击计算模块，使用欧拉法，一次完成水滴轨迹和撞击极限的计算；
- ICE3D：冰形预测、水膜热分析计算，采用有限体积（FVM）的离散方法；
- CHT3D：防除冰热耦合计算模块，其中将外表面的对流换热与物面导热结合在一起。

FENSAP–ICE 能够仿真计算很多方面的问题，包括空气动力学以及结冰、流场、水滴撞击极限、冰形、结冰对飞机性能的影响、防除冰热载荷以及表面温度。对所需研究的物体没有限制，可以对小到探测部件，大到整个飞机的结冰和防除冰进行研究。该软件是目前国际上功能最强大、最先进的结冰数值模拟软件。

国内从 20 世纪 90 年代才开始进行防除冰数值计算与仿真，并且大部分从事飞机防除冰研究人员的研究工作开始都集中在该方面，最近几年取得了很好的进展，其中中国空气动力研究与发展中心和北京航空航天大学林贵平团队开发的仿真软件，经过试验比对和实际飞机型号研制，目前在行业使用较好，同国外软件水平相当。国内在该方面的研究历程如下：

①工程估算：北京航空航天大学的韩风华和南京航空航天大学的裘燮纲最早

进行了这方面的研究，并合编了《飞机防冰系统》一书，为从事飞机防除冰系统研究的工程技术人员提供了防除冰的基础知识，以及工程计算、设计的基本方法。其主要工作有：工程估算方法进行飞机机翼双蒙皮微引射防冰腔的热计算、飞机天线罩防冰装置的性能验证、风挡表面瞬态热特性计算、风挡防冰表面温度场计算等。

②水滴撞击特性分析：韩风华等于 1995 年在国内采用拉格朗日法进行水滴运动轨迹及机翼表面水滴撞击计算；杨倩和常士楠于 2002 年在国内进行了基于 CFD 通用软件 star CD，采用拉格朗日法进行水滴撞击特性的计算；张大林于 2003 年在国内开展了欧 - 拉法计算水滴撞击特性的研究；卜雪琴和林贵平于 2007 年开展了利用 Fluent 及其用户自定义函数 UDF，用欧 - 拉法进行的水滴撞击特性的研究；杨胜华、林贵平于 2010 年开展了三维复杂表面的水滴撞击特性计算。

③结冰冰形数值模拟：易贤等于 2002 年进行了翼型毛冰的数值模拟，水滴撞击特性计算采用拉格朗日法；张大林等于 2004 年在用欧 - 拉法计算空气 / 水滴两相流的基础上开展了飞机机翼毛冰结冰过程的数值模拟；易贤和朱国林、蒋胜矩和李凤蔚、陈维建和张大林对翼型明冰结冰过程的数值模拟进行了研究，并分析了明冰对机翼气动特性的影响。2010 年，杨胜华、林贵平等建立了二维翼型结冰过程数值模拟方法，基于 Messinger 结冰模型，开发了一个二维结冰热动力模块，提出了一种新的结冰生长方法。

④结冰对气动特性影响：杜亮和洪冠新提出了一种结冰飞机气动导数和气动导数的估算方法，还有桑为民、张强等进行了结冰对飞机气动特性的影响研究。

⑤防冰热性能计算：从 1999 年，常士楠和韩风华开展了飞机发动机进气道唇口热气防冰系统的计算分析、防冰器的性能研究，计算了二维防冰器表面温度，采用经验公式计算内部换热得到了未考虑蒙皮导热时的表面温度用于验证防冰系统性能。管宁进行三维机翼表面的防冰热载荷的初步数值模拟。从 2006 年起，卜雪琴和林贵平进行了三维特性防冰热载荷计算研究，提出了内外强固传热耦合计算热气防冰表面温度的方法来评估热气防冰系统的防冰能力，并进行了实例计算。

2.3　实现方式

防除冰系统的特点如表 2-1 所示。

2.3.1　热气防冰系统

热气防冰系统是目前使用最广泛的防冰系统，可用于热气进行防冰的区域如图 2-2 所示，包括风挡、机翼前缘、尾翼、发动机进气道等。

热气防冰的优点：既可以按照防冰形式工作，又可以用除冰形式工作，可达到完全蒸发。

表 2-1　防除冰系统的特点

防冰系统	除冰系统
防止冰的形成	允许少量冰形成
需要较多的能量	需要的能量较少
通常有以下几种形式：热空气防冰系统、电热防冰系统、液体防冰系统。这几种防冰系统已被适航接受。 防冰系统可进行干态防冰与湿态防冰。两种防冰形式适航都接受，仅看设计者如何选择	通常有以下几种形式：气囊除冰、气动脉冲除冰、电热除冰、电动机械式除冰、电脉冲除冰、涡流除冰、电动除冰、形状记忆合金除冰。其中，气囊除冰、电动机械式除冰、电热除冰已被适航接受

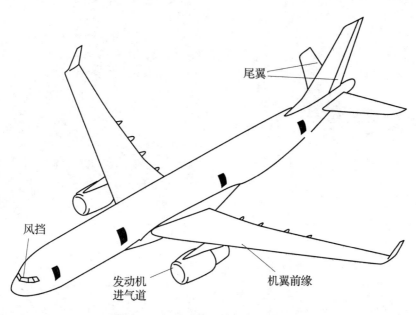

图 2-2　飞机可使用热气防冰的区域

　　热气防冰的缺点：系统重量大，会影响发动机性能，特别是大涵道比发动机引气量受限。

2.3.2　电热防除冰系统

　　电热防除冰可用于机翼前缘、尾翼前缘与风挡。系统参数包括：热流密度、加热顺序、开 / 关时机。系统的优点：可以按照防冰形式或除冰形式工作、无气动性能损失、容易控制每个区域的热量。缺点：需要较大的电量（ $10 \sim 30\text{W/in}^{2}$ [①]）、可能需要额外的发电机、对外部物体撞击敏感。

2.3.3　液体防冰系统

　　液体防冰系统的优点：不需要引气。缺点：系统重量大，花费大，需要后勤保障，前缘的渗液孔会影响气动性能。

---

① 1in=25.4mm。

2.3.4 气囊式除冰系统

气囊式除冰系统的优点：仅需要很少的引气、费用低。缺点：气囊位移较大（0 ~ 0.3in）、在除冰周期会结冰有残余冰、对薄冰作用不大、维护性差、对油敏感、使用寿命有限、不使用时需要将气囊内的气抽出以保持气动外形。

例如：某飞机尾翼采用气囊除冰系统，主要由自动调温器、多路分配器、时间控制器、控制板、除冰气囊组成，气囊部件如图 2-3 所示。系统工作的气源从飞机气源系统引气，温度在 400 ~ 540K，压力在 396 ~ 900kPa，气源也可由系统压缩机提供。确保结冰的厚度不大于 2mm。

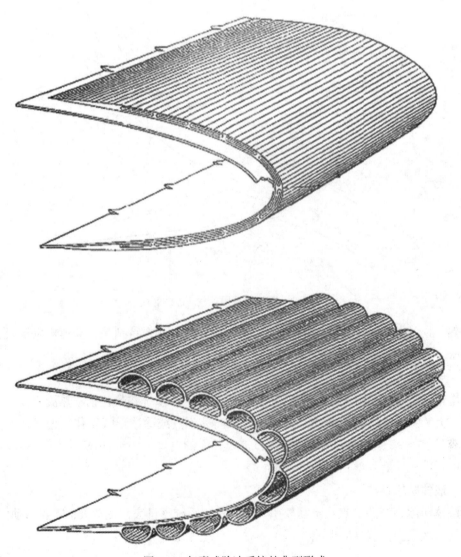

图 2-3　气囊式除冰系统的典型形式

2.3.5 新型防除冰系统

由于热气防冰系统需要从飞机引入大量的热高压气，对飞机性能造成较大影响，也对气源系统的设计带来很大负担；电加热除冰系统需要飞机提供大功率的用电，这对许多飞机是难以实现的；气囊式除冰系统对高亚声速飞机造成较大的气动损失，只适合于巡航速度较低的飞机。因此，需要研制一些新型的低耗能、高可靠性的飞机防除冰系统。

2.3.5.1 超声脉冲电除冰（Sonic Pulse Electro-Expulsive Deicer）

该技术由 NASA Lewis 最先研究，由电脉冲除冰（Electro-Impulsive deicing）进化而来，将电磁作动器放于主结构之前、蒙皮之后，具有低能耗、电驱动、抗腐蚀、高可靠和免维护等特点。目前由 Innovative Dynamics Inc. 研制，取得美国专利，Raytheon 选用到 Premier I 飞机上，如图 2-4 所示。

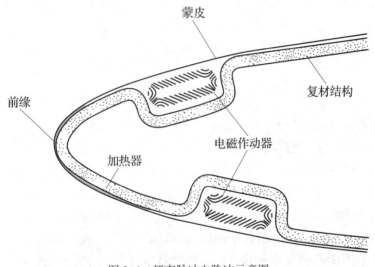

图 2-4 超声脉冲电除冰示意图

2.3.5.2 电脉冲除冰（Electro-Impulse Method）

该技术于 1937 年在英国提出，在苏联伊尔 -86 飞机上使用，具有低耗能、重量轻的特点，但电磁干扰、对结构的疲劳影响、噪声等都是其固有的缺点，如图 2-5 所示。电脉冲除冰系统在蒙皮内安装电磁线圈，通电后产生的电脉冲通过安装在需要防护表面内侧附近的触发器传递；在电脉冲之间的简短间隔（1 ~ 2s）期间，电容器充电，蓄积能量，短时间充电能为每一个触发器馈送几个脉冲；触发器在蒙皮附近建立电磁场，激励超短波脉冲，产生快速变化的磁场；短期弹性变形波在蒙皮上产生微振幅，从而移除表面的结冰。

电脉冲除冰系统的优点：耗能低、无气动性能影响、维护成本低、使用寿命长；缺点：容易产生噪声与结构疲劳、对雷击效应未知、对厚冰除冰效果好，而对薄冰除冰效果差。

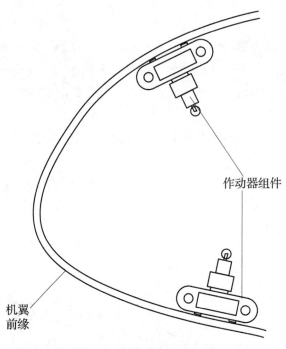

作动器组件

机翼
前缘

图 2-5　电脉冲除冰示意图

2.3.5.3　电分离除冰系统（Electro-Expulsive Separation System）

该系统由控制器和除冰套组成，工作时除冰套内通过电流，两个除冰套之间产生吸力或斥力，内套粘在结构上，外套向外膨胀，将冰脱离。其电功率能耗是目前电加热除冰系统的千分之一，重量是十分之一。目前，Ice Management System Inc. 已向 FAA 提交申请，在 STOL Cessna Sky mater 飞机上取证，如图 2-6 所示。

2.3.5.4　电机械除冰系统（Electro-Mechanical Expulsion Deicing System）

该技术利用作动器线圈中的脉冲电流产生电磁力，作动器产生形变，传递到防护表面，使冰脱落，目前由 COX Inc. 研制，如图 2-7 所示。

2.3.5.5　超声波技术（Ultrasound Technology）

该技术利用声波在材料上产生压力场，压力达到使冰脱离的目的，目前主要用于铝合金。由 NASA Glenn Research Center 研发，如图 2-8 所示。

2.3.5.6　记忆合金除冰（Shape Memory Alloys Deicing Technology）

利用形状记忆合金产生变形，使冰脱落，达到除冰的目的。该技术已由 Innovative Dynamics Inc. 取得美国专利，如图 2-9 所示。记忆合金防除冰系统利用形状记忆合金的机械致动特性来进行防除冰。当提供适量能量时，形状记忆合金通过马氏体的转变能产生变形，并产生内应力。通过变形产生剪应力，使得表面所结的冰块在剪应力的作用下脱除。目前的形状记忆合金多采用 NiTi 合金，NiTi 合金具有较好的耐腐蚀性、耐侵蚀性及耐磨损性，是安装在机翼前缘上的理想材料。记忆合金除冰系统多用于直升机的螺旋桨与尾旋翼上。

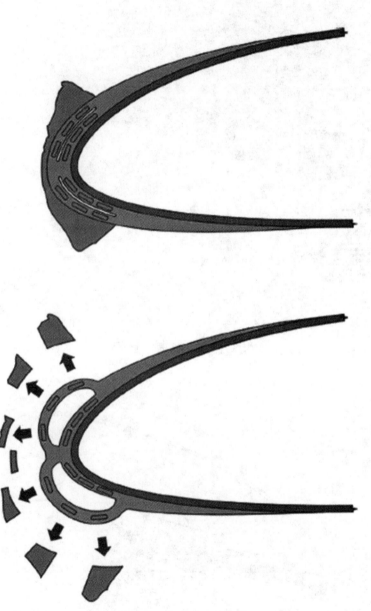

图 2-6　电分离除冰示意图

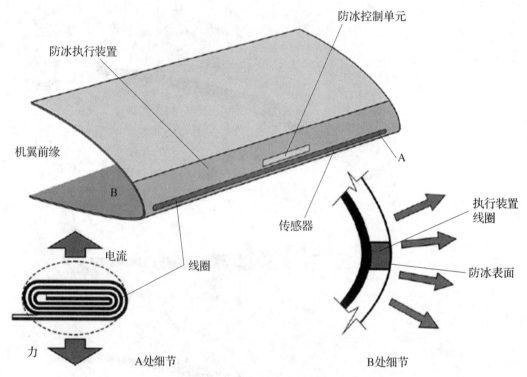

图 2-7 电机械除冰示意图

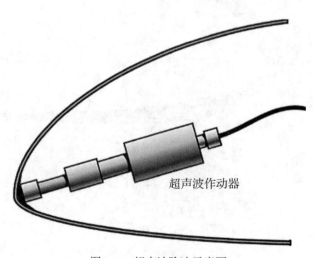

图 2-8 超声波除冰示意图

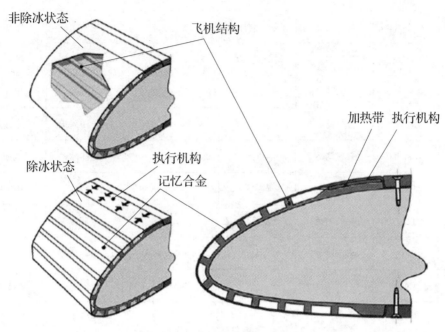

图 2-9　记忆合金除冰示意图

2.3.5.7　石墨电加热（Graphite Electrical Heating）

利用石墨作为通电发热体，具有快速、剧烈加热特点，使石墨区冰脱离，气流将冰吹落。目前 NASA 在小飞机上进行试验。

2.3.5.8　超疏水表面防冰

超疏水表面的防除冰性能主要体现为防结冰性能和疏冰性能。防结冰性能是液滴在结冰之前从超疏水表面脱离的能力；疏冰性能是液滴在超疏水表面结冰以后，减弱冰与表面之间的黏附力，在风、自身重量或外力作用下，冰脱离表面而达到易除冰的目的。目前有两种方式，一种是制作微纳超疏水表面结构，另一种是微纳超疏水涂层。美国 Microphase Coatings.Inc 公司研制了有机硅体系防冰涂层，波音公司研制了有机硅憎水体系防冰涂层。

2.4　国内外飞机防除冰系统使用情况

国内飞机防冰系统情况见表 2-2，国外飞机防冰系统情况见表 2-3 ~ 表 2-5。

表 2-2　国内飞机防冰系统情况表

序号	型号	机翼	尾翼	发动机及进气道	风挡玻璃	传感器
1	运 7-100	热气防冰	热气防冰	热气防冰	电防冰	电加温
2	运 7-200A	气囊式除冰	气囊式除冰	气囊式除冰	电防冰	电加温
3	运 12-Ⅱ	气囊式除冰	气囊式除冰	热气防冰	液体防冰	电加温
4	运 8F	热气防冰	周期电除冰	热气防冰	电防冰	电加温
5	运 8F400	热气防冰	周期电除冰	热气防冰	电防冰	电加温
6	运 8F600	热气防冰	气囊式除冰	热气防冰	电防冰	电加温
7	ARJ21-700	热气防冰	无	热气防冰	电防冰	电加温
8	H6K	热气防冰	无	热气防冰	电防冰	电加温
9	C919	热气防冰	无	热气防冰	电防冰	电加温

表 2-3　国外飞机防冰系统情况表（美国）

序号	型号	机翼	尾翼	发动机及进气道	风挡玻璃	传感器	备注
1	波音 737	热气防冰	无	热气防冰	电防冰	电加温	
2	波音 747	热气防冰	无	热气防冰	电防冰	电加温	
3	波音 757	热气防冰	无	热气防冰	电防冰	电加温	
4	波音 767	热气防冰	无	热气防冰	电防冰	电加温	
5	波音 777	热气防冰	无	热气防冰	电防冰	电加温	
6	波音 787	电防冰	无	热气防冰	电防冰	电加温	
7	C130	热气防冰	垂尾气囊除冰，平尾热气防冰	热气防冰	电防冰	电加温	螺旋桨桨叶电除冰
8	C5	热气防冰	无	热气防冰	电防冰	电加温	
9	C17	热气防冰	无	热气防冰	电防冰	电加温	
10	E2C	气囊除冰	气囊除冰	热气防冰	电防冰	电加温	
11	MD90	热气防冰	热气防冰	热气防冰	电防冰	电加温	

表 2-4　国外飞机防冰系统情况表（欧洲）

序号	型号	机翼	尾翼	发动机及进气道	风挡玻璃	传感器
1	A320	热气防冰	无	热气防冰	电防冰	电加温
2	A330	热气防冰	无	热气防冰	电防冰	电加温
3	A340	热气防冰	无	热气防冰	电防冰	电加温
4	A350	热气防冰	无	热气防冰	电防冰	电加温
5	A380	热气防冰	无	热气防冰	电防冰	电加温
6	A400M	热气防冰	无	热气防冰	电防冰	电加温
7	CRJ	热气防冰	无	热气防冰	电防冰	电加温
8	EMB145	热气防冰	热气防冰	热气防冰	电防冰	电加温

表 2-5　国外飞机防冰系统情况表（苏联）

序号	型号	机翼	水平尾翼	发动机及进气道	风挡玻璃	传感器	备注
1	伊尔 76	热气防冰	电除冰	热气防冰	电防冰	电加温	
2	伊尔 86	电脉冲（第二代）	电脉冲	热气防冰	电防冰	电加温	
3	伊尔 96	电脉冲（第二代）	电脉冲	热气防冰	电防冰	电加温	
4	伊尔 114	电脉冲（第三代）15kg 200W	电脉冲	热气防冰	电防冰	电加温	螺旋桨桨叶电除冰
5	安 -32	热气防冰	电除冰	热气防冰	电防冰	电加温	螺旋桨桨叶电除冰
6	安 -70	热气防冰	电除冰	热气防冰	电防冰	电加温	螺旋桨桨叶电除冰
7	安 -72	热气防冰	电除冰	热气防冰	电防冰	电加温	
8	安 -124	热气防冰	电除冰	热气防冰	电防冰	电加温	
9	安 -140	热气防冰（周期性除冰）分段控制，合理利用余温	电除冰	热气防冰	电防冰	电加温	螺旋桨桨叶电除冰
10	安 -148	热气防冰	电除冰	热气防冰	电防冰	电加温	
11	安 -225	热气防冰	电除冰	热气防冰	电防冰	电加温	

欧美飞机无论是民用飞机还是军用飞机,一般尾翼都不设防除冰系统,机翼一般也并不是全翼展防冰;俄制飞机尾翼一般都设有除冰系统。关于这些飞机防除冰系统将在后续章节中详细介绍,也是本书的主要内容。

国内研制的已服役的飞机涉及防除冰系统的有:运 7、运 8、轰 6、ARJ21、C919、运 20。其中,运 7、运 8、轰 6 飞机防除冰系统基本上都是沿用原仿制飞机,国内并没有系统地设计这些防除冰系统,研制过程并不完整;ARJ21 飞机机翼和发动机短舱设有热气防冰系统,其中机翼防冰系统是同系统供应商法国 LIBEHERR 公司共同研制,发动机短舱防冰由发动机供应商 GE/AE 公司研制,其研制完全按国际通行方式进行,值得总结;运 20 飞机机翼、平尾、发动机短舱设有防除冰系统,由航空工业一飞院集合国内相关高校、研究所、配套厂家自主研制,并已经过冰风洞试验验证和自然结冰试飞,系统功能、性能满足飞机设计要求。

2.5　试验

2.5.1　试验方法

由于国外具有完整的冰风洞试验设施,并已进行了长期大量的试验,总结出完整的冰风洞试验要求、方法和各自冰风洞试验件缩比方法。

国内随着冰风洞的快速建设,试验方法和手段不断完善。陈晶霞进行了用于冰风洞试验测量液态水含量和水滴直径的旋转多柱体测量仪研究,给出了一套参数方案。王梓旭开展了二维圆柱结冰风洞试验,总结了风速和温度对结冰数量和外形的影响,并对结冰相似准则进行了一些简单的研究。易贤对积冰试验相似准则进行了系统研究,提出了一种改进的积冰试验相似准则,可应用于冰风洞试验,作为试验的理论基础和参数选取的依据。通过对运 7-200A 飞机防除冰试飞,总结了适航取证中防除冰试飞试验的基本流程和方法。中国商飞在加拿大开展了 ARJ21-700 飞机的防除冰适航试飞。航空工业试飞院准确预报结冰气象,在国内成功进行了运 20 飞机自然结冰试飞,国内对结冰和防除冰试验方法不断趋于完善。

2.5.2　试验条件

结冰风洞是进行飞机防除冰地面试验的主要设施,是一种性能复杂的大型特种风洞,是研究飞机在结冰气象条件下飞行时,不同部件迎风表面和探测仪器的机外传感部分的结冰形态、结冰容限及其防除冰技术的地面试验设备。

在飞机设计阶段通过结冰风洞试验,可取得防除冰所必需的数据,即通过确定飞机各部件结冰形态的试验,以确定结冰的冰形及其结冰区、结冰量和结冰速率,从而确定结冰容限和必需的防冰表面,为飞机防除冰提供设计依据,确定防除冰系统方案形式和需要的能量功率。在飞机防除冰系统设计和研制过程中,可在结冰风洞进行验证试验,即在结冰状态下检查系统防除冰功能、性能,判断设计的正确性、合理性,并对结冰探测器进行验证试验。通过结冰风洞还可以进行飞机结冰机理和模拟方法或缩比定律的试验研究，为确定缩比模拟准则和发展数值计算方法提供依据；进行飞机防除冰新概念和新型防除冰技术研究。

欧美一些航空强国为了满足国内航空领域研制需要，保持本国航空领域的技术和研发优势，均建有各种冰风洞。比较大型的有美国 NASA GLENN 结冰风洞研究中心（IRT）、LECLERC 结冰研究实验室（LIRL）、波音气动/结冰风洞研究中心（BRAIT），加拿大国家研究委员会（NRC）结冰研究中心、意大利宇航研究中心的结冰风洞（CIRA IWT），法国 ONERA S1MA 风洞等。其中美国冰风洞不对我国开放，欧洲和加拿大冰风洞试验费用昂贵。其情况如下：

（1）法国 ONERA S1MA 风洞

法国莫达纳，试验段尺寸为 20ft×20ft，为大气条件风洞，必须在冬季进行结冰测试。

（2）意大利宇航研究中心的结冰风洞（CIRA IWT）

为了满足现代飞机结冰和防除冰特性试验的需要，意大利宇航研究中心（Centro Italiano Richerche Aerospaziali，CIRA）于 2002 年建成并投入使用的一座新的结冰风洞 IWT。它是一座现代化的多功能结冰风洞，代表了当代结冰风洞的技术水平和发展趋势。具有如下特点：

①是一座现代化的多功能风洞。例如，风洞具有增压的特点，试验段流场气流压力可调，试验雷诺数范围大。风洞喷雾段可更换为阻尼网段，将结冰风洞转化为低湍流度风洞。

②可进行高度模拟，模拟高度 0～7000m。

③试验能力强。有 4 个可更换的试验段（三个闭口试验段和一个开口试验段），闭口试验段用槽壁，以减少洞壁干扰。除了可完成结冰试验外，还可完成常规气动试验、低湍流度试验等。

④最小试验段的试验风速可达 $Ma0.7$，具有较强的风速模拟能力，以满足结冰试验需求。

⑤云雾模拟能力强。除了能满足 FAR25 附录 C 提出的标准的云雾结冰试验条件外，还考虑了未来的发展，喷雾系统能产生平均直径为 300μm 的大水滴，水滴平均直径（MVD）的模拟范围为 5～300μm（标准状态为 15～50μm），液态水含量（LWC）的模拟范围为 0.2～5g/m³（标准状态为 0.05～2.8g/m³），空气温度模拟可达 −40℃（标准状态为 −32℃）。

该风洞 4 个可更换的试验段的尺寸及其最大风速为：

- 2.25m（宽）×2.35m（高）×7m（长），闭口，$Ma0.4$；
- 2.25m（宽）×2.35m（高）×7m（长），开口，$Ma0.4$；
- 3.4m（宽）×2.35m（高）×8.3m（长），闭口，$Ma0.25$；
- 1.15m（宽）×2.35m（高）×5.0m（长），闭口，$Ma0.7$。

风洞的动力为电动机驱动的可变速、变距的 24 叶风扇，风扇直径 3.9m，最大转速为 750rpm，其电机功率为 4300kW。有 35% 的余量，以补偿回路中可能积冰产生的压力损失。两排热交换器位于第二扩散段的末端，制冷介质使用环保的 R-507，稳定段内装有蜂窝器，蜂窝器后面是可更换的喷雾耙段，喷雾耙距试验模型 18m。收缩段后是一个由驻室包围的试验段区，它由两个可更换部件（可移动的收缩段和试验段）及一个可调部件（收集扩散段）组成。

试验段有开、闭两类。闭口试验段为槽壁，以满足较大阻塞度的试验要求。槽壁的开闭比为 7%。壁面透光率为 80%，能见度好，便于观察。槽缝设有防冰系统，以防结冰堵塞。

高度模拟系统由压气机和真空泵组成，能模拟高度 0 ~ 7000m。

（3）美国气动 / 结冰风洞

美国为当今世界航空强国，在国内多处建有分别用于气动和结冰研究风洞，具有代表性的主要有：

①美国波音公司在西雅图建有气动 / 结冰风洞研究中心（BRAIT），4ft×6ft，可模拟结冰云层速度 250kn，温度达到 -45℉。

②美国克里夫兰 NASA GLENN 结冰风洞研究中心（IRT），为闭环制冷风洞，试验段尺寸 6ft×9ft，速度达到 400m/h，温度达到 -40℉。之前叫作 NASA Lewis，是最老的结冰风洞，在第二次世界大战前建成，在过去的三年中进行了翻新和改进。

③美国纽约的 LECLERC 结冰研究实验室（LIRL），由 Cox & Company 运行管理。为闭环制冷结冰风洞，试验段尺寸为 46in（高）×28in（宽），速度能达到 220m/h，温度 -22℉。该风洞能够对热气防冰系统进行测试。温度能够高达 650℉，最大气流 5lb[①]/min 时压力为 50psi[②]。在水平位置，热气系统在转盘上可按照不同角度旋转。

④ GOODRICH 风洞为闭环可制冷式风洞，外部尺寸为 40ft[③]×70ft，能产生 FAR 25 附录 C 结冰包线中的结冰条件，空转时速度 26kn 以及最大速度 200kn，这依赖于测试部分的阻塞百分比。测试段尺寸为 22in（宽）×44in（高）×60in（长）。模型水平安装在直径 30in 的铝盘上，可随转盘 360° 旋转。

（4）加拿大国家研究委员会（NRC）结冰研究中心

加拿大渥太华拥有多个结冰风洞设备。M-17 结冰风洞（AIWT）可测试 2ft×2ft，Ma0.5，海拔 23000ft。能产生低至 -35℃ 的结冰环境，液滴尺寸到 35μm。

一个新的称为燃气涡轮环境研究中心的机构装备有压力室，能够测试飞机涡轮发动机和引气系统的结冰。这些压力室能够产生海拔达 45000ft 的环境。

NRC 起动了两个在建 M-7 的发动机测试单元，它们的共同特征：都是开环的大气条件下的结冰风洞，可用于发动机推进测试和发动机适航认证。测试段尺寸为 20ft×20ft，满足流量为 450kg/s，发动机质量流量为 160kg/s，推力试验台可受力 225kN。安装射流泵

---

① 1lb=0.454kg。

② 1psi ≈ 6894.8Pa。

③ 1ft=0.3048m。

后可测试静止部位的结冰。驱动射流泵的压缩空气由 8MW 的无风扇压缩机提供。

NRC 还有其他风洞在冬季通过获得环境中的冷空气后，也可作为结冰风洞使用。这类特殊测试还需要安装喷雾杆。M-46 试验段 10ft × 20ft 的低速风洞就是这样的例子。

国内最近几年已认识到冰风洞对结冰机理研究、飞机型号验证试验的重要性，建设了一系列冰风洞，主要如下：

（1）航空工业气动院

气动院 0.6m 研究型冰风洞（即航空工业空气动力研究院 FL-61 风洞）定位于为飞机结冰相关研究提供高水平的研究平台，相关设计指标严格按照 SAE ARP 5905 标准执行，完全覆盖适航规章 CCAR25 附录 C 要求的条件，满足结冰适航符合性验证需求。与国外 NARC（加拿大国家研究委员会）结冰风洞尺寸和性能指标相近。该冰风洞主要用于：①结冰机理研究；②冰形软件验证；③结冰试验技术研究；④缩比方法试验研究；⑤型号试验；⑥防冰系统试验；⑦仪表防冰试验等。该冰风洞技术参数如下：

- 试验段尺寸：0.6m（高）× 0.6m（宽）× 2.7m（长）
- 液态水含量（LWC）：0.1 ~ 3g/m³
- 水滴直径（MVD）：15 ~ 50μm、100 ~ 200μm
- 云雾均匀性，LWC：± 20%
- 试验段风速：0 ~ 240m/s，控制精度：± 2%
- 试验段温度：
  - −40 ~ −5℃；控制精度：−30 ~ −5℃，精度：± 0.5℃
  - −40 ~ −30℃，精度：± 2℃；调温速率：1℃ /min
- 高度：最大高度：7000m，控制精度：± 50m，控制速率：150 ~ 200m/min
- 持续试验时间：连续喷雾至少 60min

（2）航空工业 181 厂

目前拥有一座仪表冰风洞、一座部件级冰风洞和一座结冰气候室。这些地面设备可以模拟 CCAR25 附录 C 中的连续和间断结冰试验条件，对飞机气动传感器、防除冰组件、机翼模型或局部段、发动机导向叶片等可能结冰或需防除冰的部件等进行试验，开展结冰特性研究及防除冰性能验证。

冰风洞模拟的环境真实，结冰气候室尺寸大，三套设备尺寸功能各不相同，互为补充，相互配合，模拟高空中的结冰环境，对产品进行全方位考核。依托这些设备，可以开展相关的试验及基础技术研究，为防除冰技术研究提供了有力的支撑。

YBF-04 冰风洞是一座带高度模拟功能的闭口回流式结构亚声速仪表冰风洞。

主要试验对象及项目：航空仪表、气动传感器防除冰试验，发动机导叶、整流支板、帽罩结冰试验，机翼缩尺模型或局部段结冰特性研究试验，防除冰组件防除冰验证试验，结冰机理、冰成形等相关试验研究。

主要技术指标：

- 试验段口径：250mm × 350mm；

◆ 气流速度：20 ~ 200m/s；

◆ 气流温度：–35℃ ~ 0；

◆ 水含量（LWC）：0.2 ~ 3g/m³；

◆ 云雾粒子直径：10 ~ 50μm；

◆ 模拟高度：0 ~ 7000m。

YBF–05冰风洞为一座中等口径的部件级冰风洞。该冰风洞采用闭口回流式结构，主要包括洞体、动力系统、制冷系统、喷雾系统、喷雾水处理系统、喷雾气源系统、高度模拟系统、测控系统等几大部分。在设计中合理运用国外冰风洞先进技术，总体接近国际先进水平。

主要试验对象及项目：大尺寸的气动传感器防除冰验证试验、机头及机身压力传感器组件防除冰验证试验、多个传感器组成的结冰探测系统测试试验、机翼模型或局部段结冰特性研究、防除冰组件功能验证试验。

主要技术指标：

◆ 试验段口径：600mm × 800mm；1050mm × 1400mm；

◆ 气流速度：20 ~ 150m/s，10 ~ 60m/s；

◆ 气流温度：–35℃ ~ 0；

◆ 液态水含量（LWC）：0.2 ~ 3g/m³；

◆ 云雾粒子平均体积直径：10 ~ 50μm；

◆ 模拟高度：0 ~ 8000m。

BQS–1结冰气候室，为目前国内唯一的结冰气候试验室。该气候试验室采用单回流立式闭口低速风洞形式，能够模拟低温和云雾指标，并能模拟一定风速。

主要试验对象及项目：飞机防除冰系统产品（如尾翼除冰组件、直升机旋翼防冰系统等）的除冰验证试验、除冰效能分析，大尺寸飞机部件、局部段或模型的结冰试验，飞机部件（如副油箱等）在低温环境下的传热及温升特性试验等。

主要技术指标：

◆ 试验间尺寸：22m × 12m × 7m，有效尺寸：17m × 12m × 7m；

◆ 人工云尺寸：8m × 1.5m；

◆ 云雾速度：0 ~ 10m/s；

◆ 最低温度：–30℃；

◆ 液态水含量：0.2 ~ 2g/m³；

◆ 云雾粒子平均体积直径：10 ~ 50μm。

（3）中国空气动力研究与发展中心

拥有三座结冰风洞，具体情况如下：

3m × 2m结冰风洞（FL–16）是目前世界上试验段尺寸最大的结冰风洞，该风洞拥有三个可更换试验段，风洞性能参数如表2–6所示。

表 2–6　风洞性能参数

内容	主试验段	次试验段	高速试验段
试验段尺寸	3.0m×2.0m×6.5m	4.8m×3.2m×9m	2.0m×1.5m×4.5m
风速范围	21～210m/s	8～78m/s	26～256m/s
温度	−40℃至常温		
湿度	70%～100%		
模拟高度	结冰试验：0～7000m；高空低雷诺数试验：0～20000m		
云雾模拟参数	液态水含量：0.2～3 g/m³ 平均水滴直径：10～300μm 雾化均匀区：60%试验段截面积		

该结冰风洞稳定段内装阻尼网时的流场指标：

● 气流稳定性：0.005；

● 动压场系数：≤ 0.5%；

● 方向场：≤ 0.5°；

● 湍流度：≤ 0.5%；

● 轴向静压梯度：0.005。

3m×2m结冰风洞配有热气和电热防除冰试验模拟系统，其中热气供气系统的主要技术指标为：防冰热气最大流量1.5kg/s，精度±1%；防冰热气最高温度400℃，精度±2℃；机翼模型防冰热气最大压力0.4MPa，精度±1.0%；发动机模型防冰热气最大压力1.4MPa，精度±1.0%。电加热防除冰系统配套了直流28V、270V、交流115V 400Hz中频电源，供电主回路采用PLC控制固态继电器方案，每套电源可以实现20个加热区温度控制，每个加热区加热功率不低于2kW，控制方式可以选择通断控制间断加热或调节电压连续加热，满足型号单位不同试验需求。

0.3m×0.2m结冰引导风洞（FL-16Y），该风洞是3m×2m结冰风洞的引导风洞，尺寸为3m×2m结冰洞的1/10缩尺。风洞同样拥有三个可更换试验段，主试验段宽0.3m、高0.2m、长0.65m；次试验段宽0.48m、高0.32m、长0.9m；高速试验段宽0.2m、高0.15m、长0.45m。

该风洞主要采用试验段开展试验，试验段尺寸为0.3m×0.2m，风速范围为17～20m/s，温度范围为−40℃至常温，MVD范围为10～60μm，LWC范围为0.2～3g/m³。

0.3m×0.2m结冰引导风洞（升级改造中），该风洞正在制订升级改造方案，预计2022年形成试验能力，预期试验能力：试验段尺寸达0.5m量级、风速范围为20～80μm，温度范围为−30℃至常温，MVD范围为10～100μm，LWC范围为0.2～3g/m³。

2.6　关键技术

通过对飞机防除冰研究涉及的方面和内容，国内外目前的研究现状的分析，梳理出下列项目应是我国目前在飞机防除冰研究方面重点研究的内容。

2.6.1　结冰气象研究

像美国军方和 NACA 从 1944 年起组织研究飞机结冰条件那样，针对我国的自然环境，研究我国涉及飞机结冰的气象条件特点，对 CCAR25 附录 C 等进行补充，特别是南方冻雨的气象条件，国外还未曾报道过，而我们又出现过飞机事故，需要提出我国飞机防除冰的结冰气象设计基础。

2.6.2　飞机结冰机理研究

飞机结冰机理是进行飞机防除冰系统研究的理论基础，目前国际上对其研究尚未彻底弄清楚。1991 年在法国 TOLOUSE 由航天研究和发展咨询组（AGARD），1993 年在加拿大 MONTREAL 由 J.A.Bombardier 航空联席会组织的二次国际重要会议上都认为目前最重要的是掌握结冰的物理过程。为了深入理解结冰的物理机理，需要理解结冰机理的主要参数：结冰表面的细微结构、大气中的其他微粒成分、热量迁移和聚集可能是理解飞机结冰机理应考虑的重要参数。

2.6.3　结冰数值模拟

结冰数值模拟国外有美国的 LEWICE、法国的 ONERA、英国的 DRA、加拿大的 CANICE 、FENSAP-ICE 和最近意大利的 CIRA 多个软件。这些结冰数值模拟软件经过多年的使用、冰风洞试验数据的修正，都已广泛应用于飞机防除冰系统的设计，这些软件分析方法、特点有一定的差异，但基本得到了行业的认可。特别是 FENSAP-ICE 紧密利用 CFD 技术，同三维设计软件 CATIA 相结合，实现了全三维数值仿真，已安装于中国商飞上飞院和航空工业一飞院用于 C919 民用飞机和大型军用运输机的研制。

国内开展结冰数值模拟的代表人员有南航的张大林，中国空气动力中心的易贤、北航的林贵平，都已开发了各自的计算软件。特别是林贵平教授近几年在二维结冰动力模型、结冰生长方法、三维特性防冰热载荷计算方面取得长足进展，核心技术同 FENSAP-ICE 没有本质的差别。但这些软件在商业化方面同国外还有差距，需工业部门和国内适航当局协调，形成适航当局认可的结冰数值模拟软件。

2.6.4　冰风洞试验

前些年迫于国内冰风洞试验条件的不足，ARJ21-700 的结冰验证试验、大型运输机的验证结冰试验均安排在意大利 CIRA 进行，试验费用昂贵、进度往往无法保证飞机研制的需要，飞机结冰基础研究性试验更无法进行。目前国内已完成各型冰风洞建设，硬件设施和国外比没有差距、甚至更优，既可开展研究性试验、又可开展验证性试验，不足之处主要在试验经验、方法、规范化程度方面还需提升。

2.6.5　结冰飞行试验

国内结冰飞行试验方面原先只在新疆开展过运 7-200A 飞机自然结冰试验，最近几年 ARJ21-700 在加拿大完成了自然结冰飞行试验，大型军用运输机在阎良完成自然结冰飞行试验取得了长足的进步，无论在结冰气象预报和飞行试验方法上都积累了不少的经验。后续还需再提高结冰气象预报的准确度，以及降低飞行试验成本和提高测量的精度。

2.6.6　防除冰系统研制

目前广泛使用的防除冰方式有热气防冰、电加热除冰、气囊除冰，这三种系统的设计方法已基本成熟，关键是提高系统的安全性、可靠性，优化设计，进一步降低能耗。

热气防冰关键技术：系统构架的设计、防冰腔的设计、笛形管的设计、伸缩管的设计。

电加热除冰关键技术：电热元件的功率分配计算，加热周期的计算，电热元件与结构、蒙皮的连接工艺设计等，新型加热涂层的研制。

气囊除冰关键技术：长寿命、高可靠性气囊的设计，气囊对飞机气动性能的影响研究，气囊充气周期、充气压力的设计，增压源的设计。

对于新型低能耗防除冰方法，需开阔思路、深入探索。例如，超疏水复合电加热等方法。

2.6.7　系统安全性设计

防除冰系统对飞机的飞行安全具有重要影响，其系统的失效危害等级有多种模式达到 I 级（危险级），因此通过对整机安全性分析和系统的安全性设计以保证飞行安全是防除冰系统设计的重要内容。安全性设计必须和飞机的总体气动、操稳和系统专业共同进行。

2.6.8　适航性与验证

作为运输类飞机设计的最低安全标准 CCAR25 的 1419 条、1093 条、附录 C 以及大量的 AC 通报都对飞机结冰提出了明确要求。针对这些要求，开展防除冰系统的适航性设计以及验证方法是运输类飞机的关键技术之一。

运输机的防除冰涉及结冰探测、翼面防冰、发动机进气道唇口防冰、传感器防冰、风挡防冰、风挡除雨、水系统排水防冰等部分，本书后续章节将从这些方面对波音、空中客车以及部分支线飞机的防除冰系统进行分析和总结。

第3章 空中客车飞机防除冰系统

3.1 A300

3.1.1 飞机概况

A300 系列是欧洲空中客车飞机公司设计生产的一种双发涡轮风扇中短程宽体客机，1972 年开始投入生产，于 2007 年 7 月宣布停产。该型机的主要技术特点如下：

- 首次在客机上采用超临界机翼设计，并拥有先进的飞行控制空气动力性。
- 5.64m 直径的圆形截面机身，此机身截面成为空中客车往后机种的标准截面，并被用于波音 777 客机。
- 采用经过轻量化处理的金属框架结构。
- 飞行操控高度的自动化，飞行员在紧急情况下才需要手动控制。
- 第一架具有风切变保护功能的客机。
- 先进的自动飞行系统可以适应从起飞到着陆的全部过程。
- 采用带有翼翘的后掠式下单翼、后掠式垂直尾翼和下翼水平尾翼。

3.1.2 系统说明

3.1.2.1 机翼防冰系统

机翼防冰系统如图 3-1、图 3-2 所示。

（1）系统原理和组成

机翼防冰使用从发动机压气机引出的热空气加热 2 号和 3 号前缘缝翼。

单侧有两个机翼防冰阀门并联安装。阀门下游有一个直径 37.5mm 的限流器，用来调节系统的流量以及在下游管路破损时限制系统的最大流量。

当无法使用某一侧发动机引气时，气源系统的交叉引气阀门打开，此时故障侧机翼防冰可以使用来自 APU、另一侧发动机或地面高压气源的热空气。

（2）主要成品

系统由机翼防冰阀门、伸缩管、笛形管等组成。

机翼防冰阀门是电控气动的开关两位阀门，阀门初始在关位，可以由机务人员手动锁定在关位以满足带故障飞行能力。该阀门打开需要的最小压力为 68.9kPa，根据上游压力不同，该阀门打开时间在 0.5 ~ 5s 之间。

伸缩管保证了系统可以随着缝翼的运动伸长或缩短，由三层同心管组成，可以相互重叠运动。

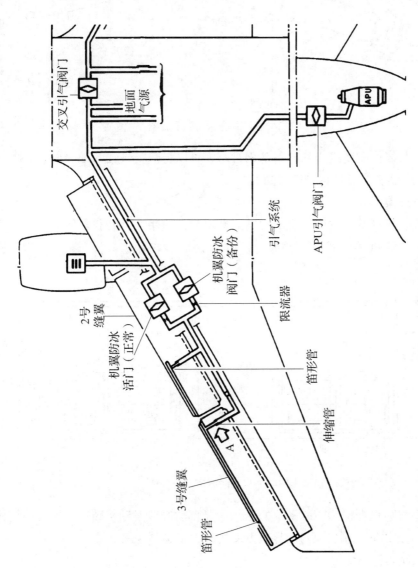

图 3-1　机翼防冰系统示意图

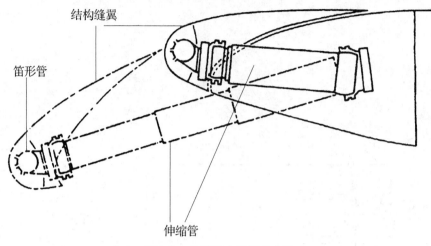

图 3-2　机翼防冰局部示意图

笛形管是表面有密集小孔的不锈钢管路，可以将热空气均匀地喷射到缝翼的蒙皮上，达到加热机翼易结冰区域的目的。

（3）系统操作

机组人员目视观察发现飞机出现结冰情况后，应手动打开机翼防冰系统。机组按图 3-3 中的"SUPPLY"按钮，并通过"MODE SEL"按钮选择打开某一特定的机翼防冰阀门。

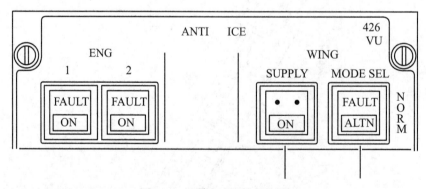

图 3-3　机翼防冰顶控板按钮

控制系统会根据机翼防冰系统的工作情况自动调节发动机转速、引气系统构型以及 APU 转速，以防止引气量过大导致发动机推力不足。

（4）系统告警与保护

以下情况机翼防冰自动关闭：关闭上游气源、预冷器出口超温、泄漏告警、APU 或发动机火警、掉电、起落架减震器处于压缩状态。

当系统发生故障时，驾驶舱会产生单谐音声音告警，仪表盘的主告警灯亮起，ECAM 界面上显示详细告警语句。

地面禁止使用机翼防冰系统。系统测试时允许使用 APU 引气供气，为防止烧毁结构，测试时间最长 10s。

3.1.2.2　发动机进气道防冰系统

发动机进气道防冰系统如图 3-4 所示。

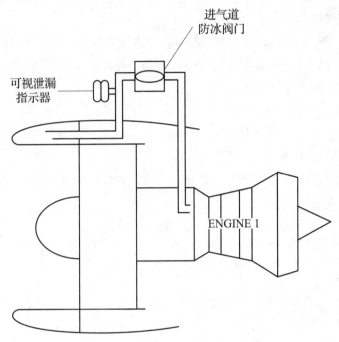

图 3-4　发动机进气道防冰系统示意图

（1）系统原理和组成

发动机进气道防冰系统使用从发动机第 11 级高压级压气机引出的热空气加热进气道唇口。该系统只在结冰气象条件下使用。

从发动机压力机引出的高温高压空气经过发动机进气道防冰阀门后，进入安装在进气道唇口内的笛形管，并从笛形管上开的小孔中喷出。热空气在进气道内流动以加热唇口，然后从短舱下部的废气排气口排出。

（2）主要成品

进气道防冰阀门：该阀门是电控气动的开关两位阀门。机务人员可以手动将其置于开位或关位以满足带故障飞行的能力。

发动机进气道防冰压力泄漏指示器：当系统发生泄漏后，指示器会弹出，地勤人员地面维护时可以看到并做出相应处理。

（3）系统操作

机组人员目视观察发现飞机出现结冰情况后，按图 3-3 中的"ENG1/2"按钮，打开进气道防冰阀门，从而打开发动机进气道防冰系统。

（4）系统告警与保护

当系统发生故障时，驾驶舱会产生单谐音声音告警，仪表盘的主告警灯亮起，

ECAM 界面上显示相应告警语句。

ECAM 页面显示的告警语句和发动机进气道防冰相关的信息如下：

① "ENG ANTI ICE ON"，至少有一侧发动机进气道防冰系统打开。

② "TAT IN ICING RANGE"，总温高于 –15℃，低于 6℃，同时两侧发动机进气道防冰系统都没有打开。

③ "MONITOR MIN N1"，当某一侧发动机进气道防冰系统打开后同时会显示该信息，提示机组保持 N1 转速在较高值，防止因为打开发动机进气道防冰导致推力不足，此时 N1 转速最小值为 40%。

3.1.2.3 传感器防冰系统

传感器防冰系统如图 3–5 所示。

（1）系统原理和组成

传感器防冰对空速管、静压管、迎角传感器以及总温传感器进行电加热防冰。

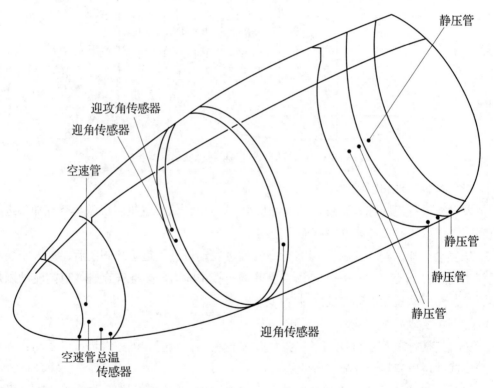

图 3–5 传感器防冰系统示意图

传感器防冰需机组手动启动，机组人员目视观察发现飞机出现结冰情况后，手动控制每个传感器电加温的起动。

（2）主要成品

空速管：使用 28VDC 供电，电加热作用于取压管内表面，电加热元件内部有两个不同的加热电阻回路，对应空速管在空中和地面不同的加热功率。

静压管：使用 28VDC 供电，电加热作用于取压管的边缘。

迎角传感器：使用 115VAC/400Hz 供电，该传感器外形类似于风向标，电加热作用于风向标内部。

总温传感器：使用 115VAC/400Hz 供电，电加热作用于进气口前缘。总温传感器地面不能加热。

（3）系统操作与告警

传感器防冰顶控板按钮如图 3-6 所示。

传感器防冰共有三个控制通道：机长（CAPT）通道、副驾驶（F/O）通道以及备用（STBY）通道。

机长通道控制 1 个空速管、2 个静压管、1 个迎角传感器和 1 个总温传感器。副驾驶通道和机长通道完全一致。备用通道控制 1 个空速管、2 个静压管、1 个迎角传感器。控制通道的起动通过图 3-6 中的"CAPT""STBY"和"F/O"按钮控制。备用（STBY）通道在飞机遇到供电故障时仍然可用，该通道的供电优先级较高。

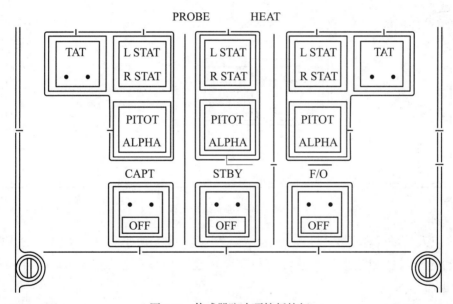

图 3-6　传感器防冰顶控板按钮

空速管在空中和地面有不同的加热功率，空中高功率，地面低功率，由系统控制自动切换。总温传感器地面切断加热。

当系统发生故障时，驾驶舱会产生单谐音声音告警，仪表盘的主告警灯亮起，ECAM 界面上显示告警语句。

当传感器的加热电流低于设计点时，该传感器对应的按钮产生灯光告警。静压管的告警点是 0.5A，空速管的告警点是 2A，迎角传感器和总温传感器的告警点是 0.065A。

3.1.2.4　风挡加温系统

（1）系统原理和组成

为了在结冰和起雾条件下保持飞行员视野的清晰，前风挡使用电加热进行防冰和除雾，通风窗和侧风挡使用电加热进行除雾。

（2）主要成品

前风挡：加热元件是电加热膜，覆盖了前风挡 99% 的可视区域。玻璃内部设置了两个温度传感器，其中一个工作，另一个作为备份。加热供电是 200VAC/400Hz（取自 115VAC/400Hz 飞机三相供电的相电压），地面时加热功率是 $35W/dm^2$，空中时加热功率是 $70W/dm^2$。

通风窗和侧风挡：加热供电是 115VAC/400Hz，地面和空中加热功率都是 $17W/dm^2$。加热元件是电加热丝，覆盖了侧风挡 96% 的可视区域和通风窗 94% 的可视区域。

（3）系统操作

风挡加温顶控板按钮如图 3-7 所示。

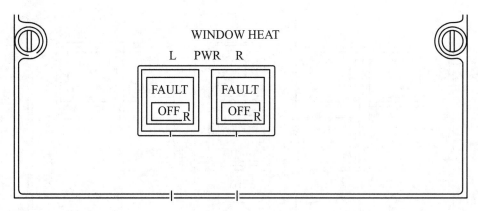

图 3-7　风挡加温顶控板按钮

机组人员目视观察发现飞机出现结冰情况后，按下顶控板"WINDOW HEAT"按钮手动打开风挡加温系统，系统的控制是由窗户温度控制器（Window Temperature Controller）完成的。

风挡加温系统分为左右独立的两侧，每一侧的三块玻璃的电加热是同时起动和关闭的。

当检测到玻璃温度高于 60℃或低于 -60℃时，驾驶舱产生故障告警，同时系统自动切断故障一侧的电加热。60℃对应传感器断路或者真正过度加热，-60℃对应传感器短路。

当系统掉电、短路或断路时，系统自动切断故障一侧的供电。

当系统发生故障时，顶控板上的"WINDOW HEAT"按钮失效灯亮起，同时驾驶舱会产生单谐音声音告警，仪表盘的主告警灯亮起，ECAM 界面上显示告警语句。

3.1.2.5　风挡除雨系统

（1）系统原理和组成

风挡除雨系统由雨刷和除雨剂系统组成，也可以在玻璃表面涂设疏水涂层来代替除雨剂系统。

A300 飞机有左右两套独立的雨刷系统，雨刷仅安装在前风挡玻璃上。

除雨剂系统能够向前风挡表面喷洒特制的除雨剂，该除雨剂能够增加水的表面张力。喷洒除雨剂后，雨水在玻璃表面呈现类似于水银的滴状，对飞行员视野影响较小，同时在高速气流的作用下可以快速清除风挡上的水珠。

除雨剂系统使用引气系统的热空气来自动清洁管路，将每个工作循环结束后残留在系统内的液体清除出去。热空气的工作压力为表压 27.6kPa。

（2）主要成品

雨刷：雨刷分为左右两侧，由两速马达控制。当不工作停留在关位时，雨刷与玻璃表面留有空隙以防止有沙尘积累后磨损玻璃。

时控电磁阀：左右除雨剂系统的通断分别由一个时控电磁阀控制。该时控电磁阀为 28VDC 供电，每次打开的维持时间为 0.4s。

除雨剂储存罐：罐内共存储 475cm^3 的除雨剂，罐中氮气的压力是 580kPa。

（3）系统操作

雨刷和除雨剂系统按钮如图 3-8 所示。

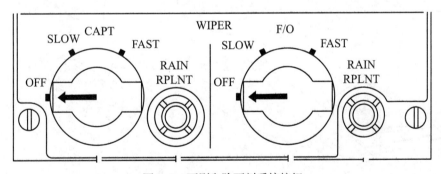

图 3-8　雨刷和除雨剂系统按钮

在驾驶舱顶控板上分别由一个三位旋钮来控制左右雨刷，雨刷有三个档位："慢速""快速"以及"停止"。雨刷能够在下列飞行阶段工作：滑行、起飞、进场以及着陆。

除雨剂系统通过三位旋钮旁边的"RAIN RPLNT"开关控制。

3.1.2.6　舱门滑动锁闭装置防冰系统

（1）系统原理和组成

在飞行过程中，水可能在飞机舱门的门闩处积累，为防止此处结冰导致舱门无法打开，门闩处安装电加热元件进行防除冰。

全机 8 个舱门，每个舱门处安装两个电加热元件，1 个控制单元，一共 16 个电加热元件，8 个控制单元。

（2）主要成品

控制单元：控制单元的功能分为调节部分和测试部分。调节部分负责将温度加到设计范围，然后断电停止加热，当温度下降到低于设计范围后再重新开始加热。按下测试按钮后，测试功能起动，根据指示灯判断控制单元自身功能是否正常。

门闩电加热元件：电加热元件包裹于陶瓷板内，门闩处还安装有温度传感器和超温开关。

（3）系统控制逻辑

控制单元对该系统进行监测和控制，通过采集门闩处内置的温度传感器的温度，将门闩表面温度调节至设计范围内。当电加热元件表面的温度达到（80±10）℃时，超温开关切断电源。

3.1.2.7　水／废水防冰系统

水／废水防冰位置示意图如图 3-9 所示。

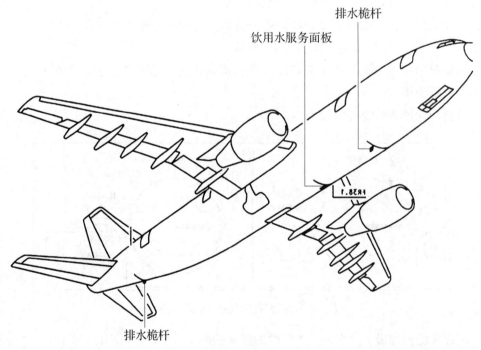

排水桅杆

饮用水服务面板

排水桅杆

图 3-9　水／废水防冰位置示意图

（1）系统原理和组成

为了防止结冰导致管路堵塞或损坏，对水／废水管路、排水桅杆和饮用水服务面板进行电加热防冰。

（2）主要成品

排水桅杆：共两个，排水桅杆将机上产生的液体污物在飞行过程中实时排出机外。加热元件布置在排水桅杆内部，在地面时 28VDC 供电，在空中时 115VAC/400Hz 供电。

饮用水服务面板：服务面板的接嘴处安装有两个加热元件和恒温调节器，接嘴的温度是由恒温调节器自动控制的。加热供电为 115V/400Hz，功率为 100W。

（3）系统操作

水 / 废水防冰系统是自动控制的，机组不能操作。

3.1.2.8　结冰探测系统

该飞机没有结冰探测系统。机组人员目视观察相关区域结冰情况来决定是否打开防除冰系统。

3.1.3　性能参数

3.1.3.1　机翼防冰系统

● 系统工作温度为 227℃，工作压力为 317kPa。

3.1.3.2　风挡加温系统

● 前风挡、通风窗和侧风挡温度控制范围都是 35 ~ 42℃。

3.1.3.3　风挡除雨系统

● 雨刷挡位的慢速对应 75 个循环 /min，快速对应 150 个循环 /min。

3.1.3.4　水 / 废水防冰系统

● 饮用水服务面板上的接嘴在 6℃时起动加热，13℃时断开加热。电加热元件的表面温度控制范围在 46 ~ 76℃。接嘴的热量散逸至外界大气导致两者之间存在温差。

3.1.4　设计特点

3.1.4.1　机翼防冰系统

● 单侧系统有两个机翼防冰阀门并联安装，当一个阀门故障时，系统依然可以正常工作，这种设计提高了系统的工作余度。

● 4 个机翼防冰阀门是两两控制的，分别是正常组和备用组。当使用 APU 引气时，为了增加系统可靠性，正常和备用机翼防冰阀门同时打开。

● 顶控板上的一个 "WING" 按钮可以同时控制左右两侧的机翼防冰系统，因此，系统的打开和关闭是同步的。正常情况下不会出现一侧防冰另一侧不防冰的防冰不平衡现象。

● 当系统发生泄漏时，飞机结构上的泄压门会自动打开，将泄漏的热空气排出机外，保证飞行安全。

3.1.4.2　发动机进气道防冰系统

● 系统管路内分别使用两个限流环对气流速度和压力进行调节。一个用来限制流量并维持气流马赫数在设计范围内，直径是 30mm；另一个安装在进入笛形管之前，用来减小气流压力，直径是 25.4mm。

● 系统安装有机械式的压力泄漏指示器，当系统发生泄漏时，指示器会弹出。机务人员地面维护时可以据此知道系统发生了泄漏。

● 系统打开后，全权限发动机数字控制系统（FADEC）自动调整发动机 N1 转速的控制规律，以防止引气量过大导致发动机推力不足。

3.1.4.3　传感器防冰系统

- 传感器防冰需机组手动按下顶控板按钮起动，空中客车其他型号的飞机该系统的起动是自动的。
- 总温传感器加热在地面不能起动。
- 传感器防冰系统安全裕度较高，共有三个控制通道，只要有一个通道正常，系统都可以正常工作。其中备用通道（STBY）在飞机遇到主供电系统故障时仍然可用。

3.1.4.4　风挡加温系统

- 系统通过风挡玻璃加热电流的自动通断实现将玻璃表面温度控制在设计范围内。
- 顶控板上有左右两个风挡加温按钮，分别负责左右风挡加温的起动。

3.1.4.5　风挡除雨系统

- 当飞机在空中遇到大雨，雨刷排雨能力不够时，使用除雨剂系统，且不能向干燥的玻璃上喷射除雨剂。
- 雨较小时，除雨剂系统的除雨效果不明显，此时应使用雨刷。
- 风挡表面的疏水涂层和除雨剂系统不能同时装机。
- 除雨剂系统使用引气系统的热空气来清洁系统管路。

3.1.4.6　舱门滑动锁闭装置防冰系统

- 系统使用电能加热舱门的门闩处，当舱门打开时，系统自动断电不工作。
- 系统是自动控制的，不需要机组手动操作。

3.1.4.7　水 / 废水防冰系统

- 排水桅杆和饮用水服务面板在地面和空中都进行电加热防冰。在地面加热时最长为 5min。
- 排水桅杆在地面时的加热功率自动减小。

3.1.5　相关事故

A300 型飞机没有结冰导致的事故。

3.2　A320

3.2.1　飞机概况

空中客车 A320 系列是空中客车公司制造的一系列中短程双发动机窄体客机，系列包括 A318、A319、A320、A321 以及最新的 A320neo，是空中客车最畅销的产品。该型飞机使用的新技术包括：

- 第一款数字电传操纵飞行控制系统的民用飞机；
- 第一款使用侧置操纵杆代替传统驾驶盘和驾驶杆的民航客机；

- 第一款大量使用复合材料作为主要结构材料的窄体客机；
- 集中维护诊断系统可以让机务人员在驾驶舱完成对整个飞机系统的诊断检测；
- 第一款带集装箱货物系统的窄体客机。

3.2.2　系统说明

3.2.2.1　机翼防冰系统

缝翼内的布置如图 3-10 所示。

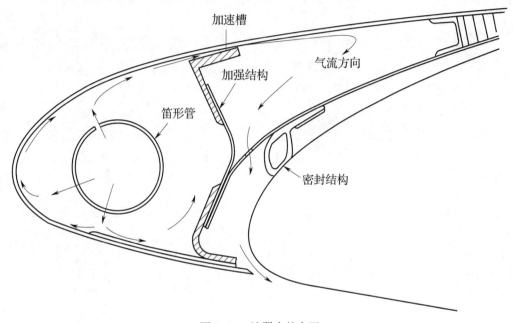

图 3-10　缝翼内的布置

（1）系统原理和组成

来自发动机或 APU 的热空气通过机翼防冰阀门调压后供往机翼前缘，用于两侧机翼的 3、4 号以及 5 号前缘缝翼的防冰，1 号和 2 号前缘缝翼不防冰。

当只有一个发动机可用来提供热空气时，气源系统的交叉引气阀门打开，交输管路将一台发动机的引气提供给两个机翼。

两个机翼防冰阀门的下游都安装有限流器，该限流器直径小于管路直径，可以限制机翼防冰系统的流量，同时防止在管路破裂情况下引气量过大。

热空气通过机翼防冰阀门后，首先经过伸缩管到达 3 号前缘缝翼，然后通过由弹性接头互相连接的笛形管分配到外侧的 4 号和 5 号前缘缝翼。热空气通过笛形管上的孔喷射到前缘缝翼结构内表面，空气在缝翼结构内部流动，然后通过加速度槽进入结构后部并从缝翼底部表面的孔排出机外。

（2）主要成品

机翼防冰阀门是系统的总开关，该阀门是气动电控阀门，将机翼防冰系统的热空气压力调节至 158kPa 左右。阀门上有一个高压继电器和一个低压继电器监控阀门下游的压力，当压力超过 210kPa 时，阀门向控制系统发出 "high pressure" 信号；当压力低于 100kPa 时，阀门向控制系统发出 "low pressure" 信号。如果出现了电气故障或没有上游气源，阀门将被关闭。阀门上安装有微动开关，可以给出 "CLOSED/NOT CLOSED" 信号给 ECAM 系统。该阀门可以手动锁定在关闭位置，此时飞机不允许在结冰气候条件下飞行。

伸缩管有三层结构，可以随着缝翼的运动而伸长或缩短。伸缩管将机翼防冰系统主管路（钢管）和笛形管连接起来，其直径从固定前缘端的 73.66mm 均匀缩小至缝翼端的 57.15mm。

每段笛形管在靠近前缘缝翼的方向有三排小孔用于喷射热空气。笛形管的直径从 3 号缝翼的 63.5mm 均匀减小至 5 号缝翼的 44mm。

（3）系统操作

机翼防冰按钮如图 3-11 所示。

机组在驾驶舱出现结冰告警信息后，按下顶控板上的 "WING ANTI ICE" 按钮，打开机翼防冰阀门，系统开始工作。该按钮被机组弹起后，机翼防冰阀门关闭，系统停止工作。

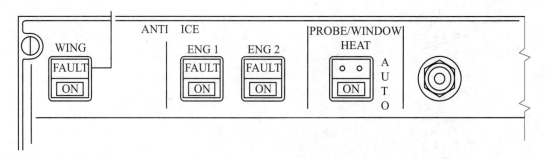

图 3-11　机翼防冰按钮

（4）控制逻辑

正常情况下，机翼防冰系统使用的是从发动机中压级压气机引出的热空气。当发动机转速较低或引气温度过低时，使用从发动机高压级压气机引出的热空气。该转换由引气系统自动完成。

（5）系统告警与保护

当系统出现故障时，主告警灯亮起，驾驶舱出现单谐音声音告警，ECAM 界面上出现告警语句。为了防止系统压力从低往高调节过程中因暂时压力低导致的误告警，ECAM 告警有 10s 的延迟。

地面测试时，为了防止机翼结构被热空气烧毁，机翼防冰最长只能打开 30s，随后会被系统自动关闭。

3.2.2.2　发动机进气道防冰系统

001-099 架机、101-400 架机防冰系统如图 3-12、图 3-13 所示。

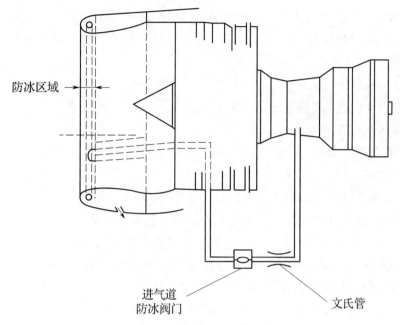

图 3-12　001-099 架机进气道防冰系统示意图

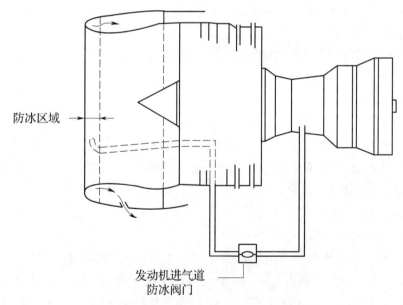

图 3-13　101-400 架机进气道防冰系统示意图

（1）系统原理和组成

001-099 架机进气道防冰系统使用从发动机 7 级高压压气机引出的热空气。热空气经过进气道防冰阀门后进入安装在发动机唇口内的笛形管，再从笛形管喷出以加热蒙皮，起到防冰的作用。

101-400 架机进气道防冰系统使用从发动机 5 级高压压气机引出的热空气，9 级引气给进气道防冰阀门提供驱动压力。引自发动机压气机的热空气经过管道和发动机进气道防冰阀门后进入进气口整流罩的前隔框，并与进气口前缘内的旋转喷嘴连接在一起。热空气从旋转喷嘴喷出后，在内腔中流动对蒙皮进行加热。最后，空气经过外筒中的埋头管道排出机外。

（2）主要成品

系统由发动机进气道防冰阀门、文氏管，以及涡流式喷嘴等成品组成。

发动机进气道防冰阀门：

001-099 架机，该阀门是开关型蝶阀，当阀门上游管路压力大于 48.25kPa 时阀门可以打开，如果阀门上游没有压力，阀门自动关闭，机务人员可以手动将锁定在阀门开位或关位。阀门有可以目视观察的位置指示和超压指示装置。

101-400 架机，该阀门是一个气动电控型的开关两位蝶阀（蝶形阀门）。在缺少上游气源压力的时候，阀门被弹簧力作用到关闭位置。当引自 9 级压气机的阀门驱动压力大于 68.95kPa 时，阀门可以打开。该阀门有一个电磁线圈来控制阀门的闭合，如果电磁线圈失去供电且上游有足够的压力，则阀门完全打开。电磁线圈通电时，阀门关闭。该阀门可以人工锁定在打开位或者关闭位。发动机进气道防冰阀门具有过压指示功能，当压力在 827kPa ~ 1241kPa 之间时，指示杆将突然跳出。

文氏管：001-099 架机进气道防冰阀门的上游设置有一个文氏管，其中间细两端粗，起到了限流的作用。

旋转喷嘴：和常规的笛形管相比，旋转喷嘴形成流场更好，能更高效率地加热唇口蒙皮。

（3）系统操作与告警

驾驶舱顶控板上的"ENG 1/2 ANTI ICE"按钮被机组按下后，进气道防冰阀门被打开，系统开始工作。该按钮被机组弹起后，进气道防冰阀门被关闭，系统停止工作。

当进气道防冰系统出现故障时，驾驶舱会有单谐音声音告警，主告警灯亮起，ECAM 界面显示相应告警语句。

3.2.2.3　传感器防冰系统

（1）系统原理和组成

A320 飞机的迎角传感器、空速管、静压管、总温传感器都通过电加热来防冰。传感器防冰系统共有三个运行通道，分别是机长（CAPT）、副驾驶（F/O）以及备用（STBY）通道，每个通道均有一个传感器加温计算机（PHC），总温传感器不使用备用通道。

（2）主要成品

空速管探头壳体内和柱体空腔的内表面中装有电加温元件。

静压探头在取压孔的边缘装有电加温元件。

迎角探头在叶片和壳体加温器内装有固态加温元件。

总温探头的入口前缘安装有电加温元件。

传感器加温计算机（PHC）和静压传感器工作电压是 28V 直流电，迎角传感器、总温传感器和空速管工作电压是 115V/400Hz 交流电。

（3）操作与告警

当两台发动机中的第一台起动后，传感器防冰系统会自动起动。在地面没有发动机起动时，也可以通过手动按下"PROBE/WINDOW HEAT"按钮来起动传感器防冰。

传感器的加温和故障告警是由加温计算机（PHC）控制的，加温计算机（PHC）可以将故障信息发送至中央告警显示单元（CFDIU）。

以下情况系统会认定传感器防冰系统有故障，同时在驾驶舱产生告警：

飞行时空速管加热电流小于 0.9A 或大于 6A；

地面时空速管加热电流小于 0.4A 或大于 4A；

总温传感器加热电流小于 0.8A 或大于 4A；

迎角传感器加热电流小于 0.12A 或大于 5A 时。

地面测试时，空速管加热的电功率会减小，总温传感器电加热在地面被切断。

3.2.2.4　风挡加温系统

风挡加温系统如图 3-14 所示。

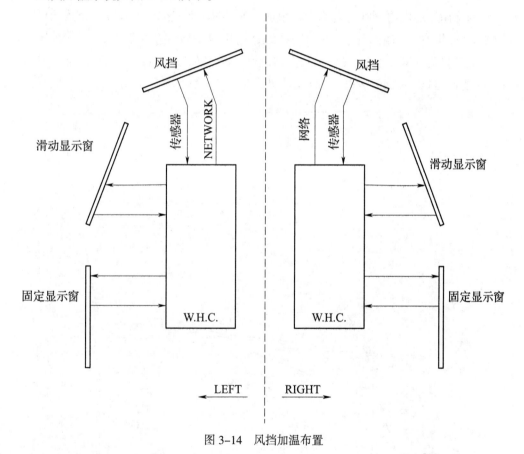

图 3-14　风挡加温布置

（1）系统原理和组成

风挡加温系统可以在结冰或者结雾天气条件下使前风挡和舷窗保持良好的透明度。系统有单独工作的左侧和右侧两个分系统。每个分系统分别对一侧的前风挡、通风窗和侧风挡进行加温。通风窗和侧风挡分别有两个温度传感器，一个监控另一个备用。前风挡有三个温度传感器，一个用来监控温度，其他两个是备用的。

（2）操作与告警

前风挡防冰防雾和通风窗、侧风挡防雾都通过电加热玻璃来实现。当第一个发动机起动后，系统便自动打开。机组也可以在两个发动机均关闭时，手动按下"PROBE/WINDOW HEAT"按钮打开风挡加温。

风挡加温计算机（WHC）对系统进行监测与控制，共两台。

当内置的温度传感器检测到玻璃温度过高或者过低时，驾驶舱ECAM界面有告警句出现，同时自动切断故障玻璃的加热电源。其中60℃对应于超温或传感器开路，−60℃对应于传感器短路。

3.2.2.5 风挡除雨系统

风挡除雨如图3-15、图3-16所示。

（1）系统原理和组成

风挡除雨系统由雨刷和除雨剂系统组成。201-204架机前风挡覆盖有疏水涂层。

A320飞机有左右两套独立的雨刷系统，雨刷仅安装在前风挡玻璃上。在驾驶舱顶控板上分别有一个三位旋钮来控制左右雨刷，雨刷有三个挡位："慢速（95个循环/min）""快速（140个循环/min）"以及"停止"。

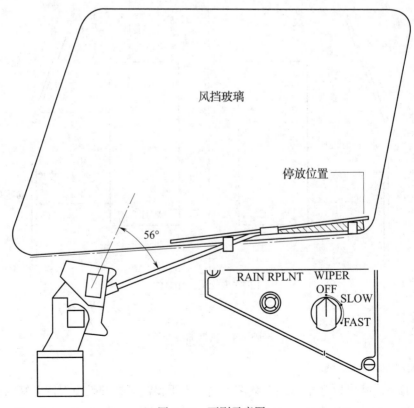

图3-15 雨刷示意图

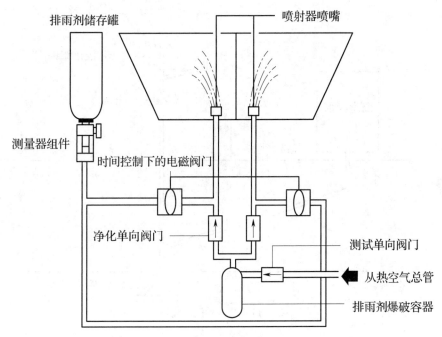

图 3-16　除雨剂系统

当飞机在空中遭遇大雨，雨刷不足以保持前风挡视野清晰时，应使用除雨剂系统。不能向干燥的风挡上喷射除雨剂。

除雨剂系统能够向风挡喷洒一定量的除雨剂，该除雨剂能够增加玻璃的表面张力。玻璃表面附着除雨剂后，在气流的作用下，风挡上的水可以被吹走。

除雨剂系统在每次工作结束后，使用来自引气系统的高压空气将管路内残留的液体排出系统。

（2）操作与告警

机组在下雨情况下，通过驾驶舱顶控板上的"WIPER"旋钮手动打开雨刷，通过"RAIN RPLNT"按钮手动打开除雨剂系统。

3.2.2.6　水/废水防冰系统

水/废水防冰如图 3-17、图 3-18 所示。

（1）系统原理和组成

厨房、洗手盆以及水系统产生的液体污物在飞行过程中由排水桅杆实时排出机外。

在机身下部靠前处以及后货舱区域有两个水系统排水桅杆，可以把机内产生的废水实时排往机外。飞机上电后，当温度低于一个特定值后，排水桅杆电加热被打开，以防止排水过程中结冰。

盥洗室产生的固体污物有专用蓄污罐收集，为了防止蓄污罐管道结冰，管道上安装有电加热元件。

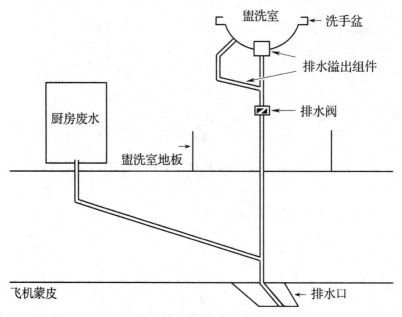

图 3-17 废水系统示意图

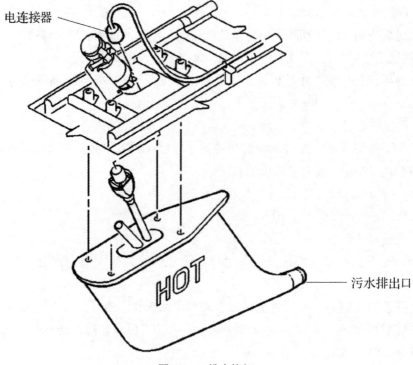

图 3-18 排水桅杆

（2）主要成品

排水桅杆：排水桅杆上安装有温度传感器，来控制附着在排水桅杆上的软质金属加热膜的加热功率，加热元件可以在 –55℃ ~ 75℃之间工作，加热元件的供电是 115V/400Hz。

排水桅杆上安装有超温开关，可以防止过度加热损坏加热元件。在温度超过 120℃时，该超温开关会关闭加热元件。

3.2.2.7　结冰探测系统

（1）系统原理和组成

001-100 架机和 151-300 架机的结冰探测系统仅由位于两个前风挡中间的一个可视结冰指示器组成，当出现结冰条件时，该指示器表面会结冰。机组目视观察到结冰指示器表面有明冰出现时，可以手动打开防除冰系统。为了使结冰探测系统在夜间可以正常工作，该结冰指示器上安装有照明灯，照明灯由机组通过顶控板上的"ICE IND & STBY COMPASS"开关手动开启。如图 3-19、图 3-20 所示。

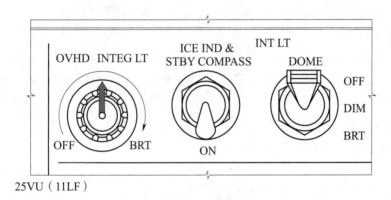

图 3-19　结冰指示器照明灯开关

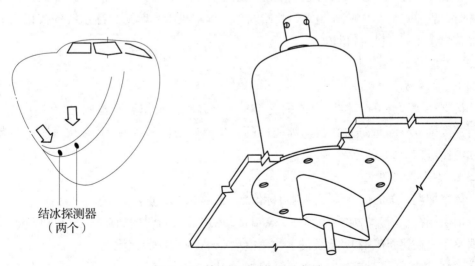

图 3-20　结冰探测器位置示意图

其余架次的飞机，除了安装有上文中提及的结冰指示器外，在机身下部还安装有两个结冰探测器。该结冰探测器在所有飞行阶段都可以正常工作。

结冰探测系统的功能是：

①探测结冰气象条件。

②把相应信号传递给电子仪表系统（EIS），然后由航电系统向机组给出相应告警，提示机组手动打开防冰系统。

③结冰气象条件消失时，提示机组关闭防除冰系统，以节约燃油。

（2）主要成品

结冰探测器：探头为直径6.35mm，长度25.4mm的镍合金管，其工作电压为115VAC/400Hz。其自然振动频率是40kHz，工作原理是表面每结冰0.5mm则频率下降133Hz。

结冰探测器可以产生"ICE""SEVERITY"和"FAULT"三种信号，其中"ICE"对应0.5mm的冰、"SEVERITY"对应5mm的冰、"FAULT"对应系统故障。

结冰指示器：指示器的材料为钛合金，表面的提示灯为28V供电。

（3）控制与告警

当系统探测到结冰气象条件后，ECAM屏幕会显示结冰告警语句，主告警灯亮起，单谐音声音告警响起。机组应根据告警语句的内容打开机翼防冰系统或发动机进气道防冰系统。

告警语句"ICE DETECTED"代表发动机进气道结冰警告，告警语句"SEVERE ICE DETECTED"代表机翼结冰警告。

当机翼防冰阀门打开时，系统自动屏蔽"SEVERITY"信号。当结冰探测器发生故障时，会发出"FAULT"信号，同时不再产生结冰告警信号。

当机翼防冰系统或发动机进气道防冰系统被机组打开，且不再能探测到结冰气象条件时，告警语句"ENG A. ICE"开始闪烁，提示机组弹起防除冰系统的按钮以节约燃油。弹起后，告警语句消失。

3.2.3　性能参数

3.2.3.1　机翼防冰系统

机翼防冰系统的工作压力范围是133～167kPa，工作温度范围是185～215℃，飞行高度为6700m时通过机翼防冰阀门的质量流量是1177kg/h。打开机翼防冰会导致燃油消耗增加1%。

3.2.3.2　风挡加温系统

风挡加温系统的玻璃温度控制目标值在35～42℃之间。

前风挡在地面时的加热功率是$23W/dm^2$，在空中飞行时的加热功率是$70W/dm^2$（此模式不允许在地面使用）。系统的工作用电为200V/400Hz的交流电。

通风窗和侧风挡在空中和地面的加热功率均为$15W/dm^2$。系统的工作用电为115V/400Hz的交流电。

3.2.3.3 风挡除雨系统

雨刷臂与风挡玻璃之间的压力范围在 20 ~ 55N 之间，雨刷运动速度为 370km/h。

除雨剂储存罐可以容纳 475cm³ 的防雨剂，并使用氮气增压。当充满气体时，罐内的氮气压力是 580kPa，系统管路上安装的时控电磁阀控制除雨剂每次喷洒的持续时间为 0.4s。

3.2.3.4 水 / 废水防冰系统

在货舱有两个控制单元分别控制前货舱和后货舱排水槐杆的电加热。加热控制单元（CU）可以调节排水槐杆的温度在 6 ~ 10℃之间，该控制单元同时可以对系统进行 BIT 监测。

加热控制单元（CU）控制盥洗室蓄污箱管道温度也在 6 ~ 10℃之间。

3.2.3.5 结冰探测系统

当总温低于 8℃时，结冰探测系统自动起动，在地面上该系统不能起动。

3.2.4 设计特点

3.2.4.1 机翼防冰系统

● 发动机引气和 APU 引气均可以为系统工作提供气源。

3.2.4.2 发动机进气道防冰系统

● 001–100 架机进气道结构内将热气喷射到唇口蒙皮的机构是笛形管，101–400 架机是旋转喷嘴。

● FADEC（全权限发动机数字控制系统）在进气道防冰系统打开时自动控制发动机 N1 转速，防止引气量过大导致发动机推力不足。

3.2.4.3 传感器防冰系统

● 不同于 A300 型飞机由机组手动开启，A320 型飞机的传感器防冰系统是自动起动的，这减轻了机组的工作负担。

● 传感器防冰系统安全裕度很高，设置有机长（CAPT）、副驾驶（F/O）以及备份（STBY）三个通道，只要有一个通道正常，系统都可以正常工作。在地面上发动机没有起动时，机组可以通过其他电源来起动该系统。

3.2.4.4 风挡加温系统

● 系统的安全裕度较高，前风挡有三个温度传感器，通风窗和侧风挡分别有两个温度传感器。只要有一个传感器正常工作，系统就可以正常运行。在地面上发动机没有起动时，机组可以通过其他电源来起动该系统。

● 前风挡加温元件是电加热膜。通风窗和侧风挡的加温元件 001–150、301–400 架机是电热丝，151–300 架机是电加热膜。

3.2.4.5 风挡除雨系统

● 风挡上的疏水涂层和除雨剂系统不能同时装机。

● 雨刷能够在下列飞行阶段工作：滑行、起飞、进场以及着陆。

● 飞行速度在 370km/h 和 463km/h 之间时，雨刷都可以正常使用。

3.2.4.6　水/废水防冰系统

● 为了减轻机组工作负担，水/废水防冰系统由排水加热控制单元（CU）自动控制，不能手动控制。

3.2.4.7　结冰探测系统

● 001–100 架机和 151–300 架机的结冰探测系统仅由位于两个前风挡中间的一个可视的结冰指示器组成，当出现结冰条件时，该指示器表面会结冰。机组需人工目视观察结冰指示器，工作负担较大。其余架次的飞机安装有结冰探测器，系统会自动给出结冰告警信息，减轻了机组的工作负担。

● 结冰探测器共有两个，只需一个就能正常工作，提高了系统的安全裕度。

3.2.5　相关事故

（1）2008 年 11 月 27 日，德国特大航空 888T 号航班在地中海失事坠毁，执飞航班为 A320 型客机。机长在降落前故意测试失速防护系统是否正常工作。机长抬高机头并减少发动机动力，然后机长便等待由电脑自动操控。然而电脑却在这时故障，将飞机控制权交给机长。此时失速告警响起，提示飞机即将失速。机长立即压下机头并增加发动机动力。压下机头后飞机下降，但突然又猛然爬升。由于飞行高度过低，飞机无法脱离失速，最后坠毁在地中海。

法国空难调查局发现 A320 型客机起飞 20min 后，有两个小型探测器故障并告诉电脑飞机在平飞。小型探测器是防失速系统的关键，它用来告诉电脑飞机的角度。两个探测器故障的原因是飞机在清洗时，地勤人员为了加快清洗过程，使用高压水枪清洗机身，令大量的水灌入探测器内部。因此，随着飞机爬升，气温逐渐下降，探测器内部存积的水结冰，探测器随即被冰冻结固定了角度并失效，从而引发了此次事故。

（2）2018 年 5 月 14 日，四川航空 3U8633 号航班从重庆飞拉萨，执飞航班为 A319–100 型客机。客机起飞约 40min 后在 9800m 高度巡航过程中，机组发现右侧内风挡出现裂纹，立即申请降低高度并返航，此时 ECAM 出现右风挡加温故障信息，随后右前风挡爆裂，飞机瞬间发生快速减压。

根据中国民用航空局发布的调查报告，认为本次事故最大可能为：涉事飞机右风挡封严可能破损，风挡内存在空腔，外部水汽渗入并留存于风挡底部边缘；电源导线被长期浸泡后绝缘性降低，在风挡左下部拐角处出现潮湿环境下持续电弧放电；电弧产生的局部高温导致双层玻璃破裂。风挡不能承受驾驶舱内外压差而从机身爆炸脱落。

3.3　A330

3.3.1　飞机概况

空中客车 A330 是一款中长程宽体飞机，与四发飞机 A340 同期研发。除发动机的数目外，A330 的机翼和机身的设计与 A340 几乎相同。在机体方面，其设计取自 A300，但其驾驶室及电传操纵则是取自 A320。

3.3.2　系统说明

A330 的防除冰系统由机翼防冰、发动机进气道防冰、传感器防冰、风挡加温、风挡除雨、水 / 废水防冰、防滑锁定装置防冰以及结冰探测系统组成。如图 3-21、图 3-22 所示。

3.3.2.1　机翼防冰系统

（1）系统原理和组成

A330 飞机机翼防冰系统使用来自发动机引气系统的热空气加热前缘缝翼，以达到防冰的目的。热空气从发动机引出后，先后通过金属导管、伸缩管、笛形管，然后进入前缘缝翼的防冰腔内，在防冰腔内通过热传导来实现对前缘缝翼的加热。

该系统在每侧机翼分别有两个支路，每个支路的上游都分别安装有一个机翼防冰阀门，负责该支路热空气的调压和关断。外侧的机翼防冰阀门控制供往 5、6、7 号前缘缝翼的热气，内侧的机翼防冰阀门控制供往 4 号前缘缝翼的热气。

在机翼防冰阀门的下游安装有一个线性限流器（37.5mm）以调节系统流量。

如果某个支路的发动机引气系统出现问题，机组可以打开交叉引气阀门来实现交叉供气。

（2）主要成品

机翼防冰阀门是气动电控阀门，控制其下游压力在（155.13 ± 17.23）kPa 之间。阀门上有两个压力开关监视阀门下游压力，当压力增加至（213.7 ± 6.89）kPa 时，阀门向控制系统"压力高"信号；当压力减少至（96.52 ± 6.89）kPa 时，阀门向控制系统"压力低"信号。

如果没有供电或供气，阀门自动关闭。在地面发现该阀门有问题时，可以手动将其锁定在开位或关位，以满足带故障执行任务要求。

伸缩管使系统可以随着缝翼的运动伸长或缩短，保证了飞机飞行姿态的变化不影响机翼防冰系统的正常工作。

笛形管是表面有密集小孔的不锈钢管路，可以将热空气均匀地喷射到缝翼的蒙皮上，达到加热机翼易结冰区域的目的。

柔性管路用于连接笛形管，可以补偿笛形管因热胀冷缩而产生的热变形。

（3）系统操作

机翼防冰按钮如图 3-23 所示。

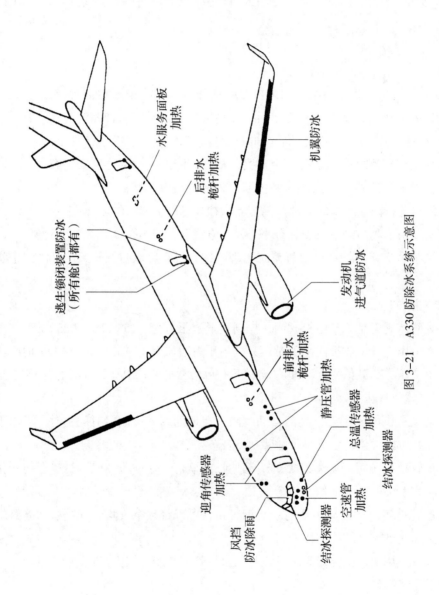

水服务面板加热

后排水桶杆加热

机翼防冰

逃生锁闭装置防冰
（所有舱门都有）

发动机
进气道防冰

前排水桶杆加热

静压管加热

总温传感器加热

迎角传感器加热

结冰探测器

风挡防冰除雨

结冰探测器

空速管加热

结冰探测器

图 3-21 A330 防除冰系统示意图

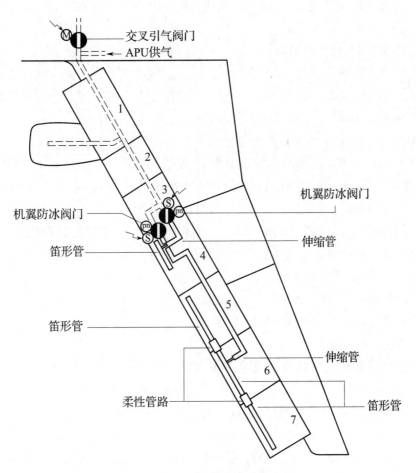

图 3-22　机翼防冰系统

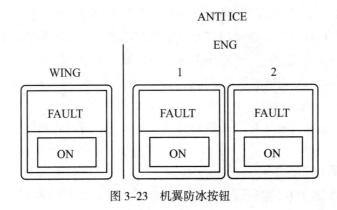

图 3-23　机翼防冰按钮

机组根据结冰告警信息，手动按下顶控板上的"WING"按钮打开机翼防冰系统。按钮上的琥珀色故障灯首先亮起，当系统上游压力增加到（96.52±6.89）kPa后故障灯熄灭。

（4）系统告警与保护

当机翼防冰系统出现故障时：

顶控板的"WING"按钮上的失效灯亮起，飞行告警系统（FWS）给出视觉和声觉告警提示，发动机告警显示（EWD）给出告警语句，简图页上显示出故障详情，区域控制器（Zone Controller）将故障详情存储下来以备机务人员详细分析。

ECAM界面上可能出现的告警信息有："A.ICE L（R）INR（OUTR）LO PR""A.ICE L（R）INR（OUTR）HI PR""A.ICE WAI SYS FAULT""A.ICE L（R）INR（OUTR）WING OPEN""A.ICE WING OPEN ON GND""A.ICE WING VALVE NOT OPEN"。

发动至CMC的故障信息有："WING ANTI ICE L（R）INR（OUTR）VALVE 9DL1（9DL2）or 10DL1（10DL2）""WING ANTI-ICE GROUND TEST RELAY（4DL）"。

机翼防冰系统只能在飞行过程中使用。在地面测试时，为防止热空气烧坏前缘缝翼的结构，测试30s后自动关闭。

3.3.2.2　发动机进气道防冰系统

发动机进气道防冰系统如图3-24所示。

（1）系统原理和组成

进气道防冰系统使用从发动机第三级高压级压气机引出的热空气来加热进气道唇口。

系统工作原理是，从发动机压气机引出的高温高压空气经过发动机进气道防冰阀门进行调压后，通过内层管进入进气道唇口内的分配环并从分配环上开的小孔喷出。热空气在进气道内流动以加热唇口起到防冰的作用，然后通过外层管从短舱下部的废气排气口排出。

（2）主要成品

发动机进气道防冰阀门：

该阀门从上游取压，控制阀门下游压力（即系统工作压力）在427kPa左右。阀门上有低压开关和高压开关：当阀门打开且下游有压力时，低压开关会给出信号到飞机仪表系统。当阀门关闭，阀门下游压力减小时，该信号停止。高压开关可以在阀门下游压力过高时给出信号到仪表系统。

分配环：

分配环位于进气道唇口内，其结构类似于笛形管，可以将热空气均匀地喷射到唇口蒙皮上。

（3）系统操作

机组在看到发动机结冰告警信号后，手动按下位于驾驶舱顶控板的"ENG1/2"按钮打开系统。该按钮共有两个，分别控制左侧发动机进气道防冰和右侧发动机进气道防冰，如图3-23所示。

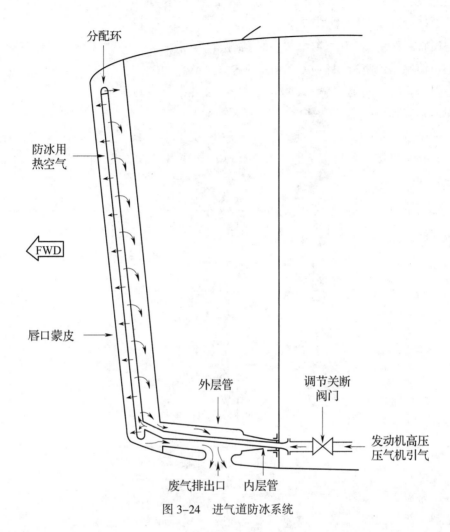

图 3-24　进气道防冰系统

　　如果该系统有故障，驾驶舱会产生声音告警，同时 ECAM 界面上会出现相应告警信息。

3.3.2.3　传感器防冰系统

　　需要防冰的传感器位置如图 3-21 所示。

　　（1）系统原理和组成

　　A330 飞机共有 3 个空速管，6 个静压管，2 个总温传感器，3 个迎角传感器，上述传感器都通过电加热进行防冰。

　　传感器防冰共有 3 个控制通道：机长通道、副驾驶通道以及备用通道。每个通道都有一个传感器加热计算机（PHC）对系统进行监测和控制，共有 3 个 PHC。

　　每个传感器加热计算机（PHC）各监测 1 个空速管，1 个迎角传感器，2 个静压管，1 个总温传感器。备份通道的 PHC 不监控总温传感器。

（2）主要成品

空速管：使用 115VAC/400Hz 供电，有低挡和高挡两级加热，地面的低挡位和飞行时的高挡位可以实现自动切换。

静压管：使用 28VDC 供电，加热取压孔的边缘。

迎角传感器：使用 115VAC/400Hz 供电，加热风向标的表面。

总温传感器：使用 115VAC/400Hz 供电，加热进气口的前缘。

（3）系统起动逻辑

当两个发动机中的第一个起动时，传感器防冰系统自动起动。当遇到极端结冰气象条件时，可以按下顶控板上的"PROBE/WINDOW HEAT"按钮使用其他电源来起动该系统，如图 3-25 所示。

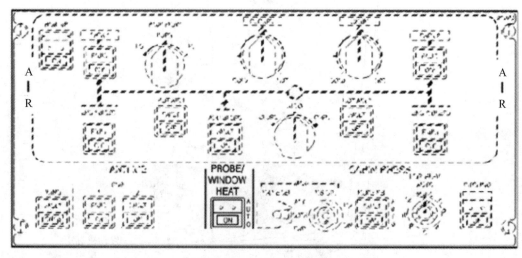

图 3-25　传感器防冰按钮

（4）系统告警与保护

加热电流达到如下条件时触发告警：

①空速管：飞行中，$I<0.9A$ 或 $I>6A$；地面，$I<0.4A$ 或 $I>4A$。

②总温传感器：$I<0.8A$ 或 $I>4A$。

③迎角传感器：$I<0.12A$ 或 $I>5A$。

④左右静压管：$I<1.3A$ 或 $I>4A$。

如果传感器防冰系统发生故障，电子中央监控系统（ECAM）会给出听觉和视觉告警。

3.3.2.4　风挡加温系统

（1）系统原理和组成

风挡加温系统保证结冰和结雾条件下机组的视野清晰，该系统分为左右两侧。每侧包括：1 块前风挡、1 块通风窗、1 块侧风挡和 1 个窗户加热计算机（WHC）。

前风挡玻璃需要防冰防雾，通风窗和侧风挡只需要防雾。

（2）系统操作

当两个发动机中的第一个起动时，风挡防冰和除雾系统自动起动。当遇到极端结冰气象条件时，可以按下顶控板上的"PROBE/WINDOW HEAT"按钮使用其他电源来起动该系统，如图3-25所示。当两个发动机中的最后一个关闭后，加温自动停止。

（3）系统告警

玻璃温度超过60℃时，加温自动关闭。

当玻璃里镶嵌的温度传感器故障时，驾驶舱会产生告警。当温度传感器测量的温度高于60℃或低于-60℃时，系统自动切断相应玻璃的加热，其中60℃意味着过热或者传感器开路，-60℃意味着传感器短路。

如果风挡防冰和除雾系统有故障，电子中央监控系统（ECAM）会给出听觉和视觉告警。

3.3.2.5　风挡除雨系统

风挡除雨系统如图3-26、图3-27所示。

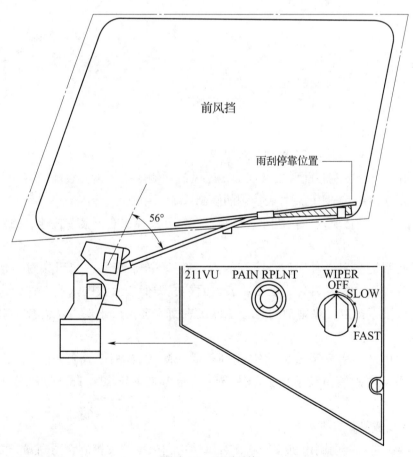

图 3-26　雨刷系统

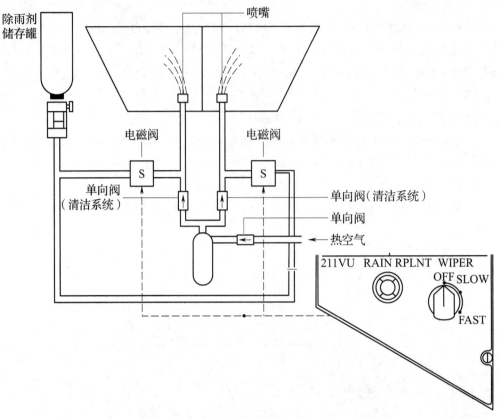

图 3-27　除雨剂系统

（1）系统原理和组成

风挡除雨系统由雨刷和除雨剂系统组成。

雨刷器只安装在左右前风挡玻璃上，通风窗和侧风挡上不安装雨刷器。左侧是机长控制的雨刷系统，右侧是副驾驶控制的雨刷系统。

雨刷由两速马达驱动，三位开关控制。三位开关控制有慢速、快速、关位三个挡位。

除雨剂系统在大雨时工作（雨刷能力不够）。该系统通过使用除雨剂来增加玻璃表面的疏水性。除雨剂会让水在玻璃表面形成类似于水银的水滴，这使水更容易在气流的作用下排走。除雨剂同时会使玻璃表面不会形成水层，从而减小对机组视野的影响。

系统使用来自引气系统的热空气自动清洁除雨剂系统，将每个工作循环结束后残留在系统内的液体喷射出去。热空气的压力是表压 27.6kPa（以座舱压力为基准）。

（2）主要成品

雨刷器：左风挡雨刷由机长控制，右风挡雨刷由副驾驶控制。雨刷器表面涂有深色防反光涂层。

时控电磁阀：左右除雨剂系统的通断分别由一个时控电磁阀控制。该时控电磁阀为 28VDC 供电，每次打开的维持时间为 0.4s。

储存罐：除雨剂系统储存罐内共存储 475cm^3 的除雨剂，罐中氮气的压力是 580kPa。

（3）系统操作

雨刷器的打开和关闭由飞行员操作两位旋钮手动控制，除雨剂系统由飞行员按下"RAIN RPLNT"打开，见图 3–26。

发动机振动监视单元（EIVMU）控制除雨剂系统在地面禁止起动。

3.3.2.6　水／废水防冰系统

水／废水防冰位置如图 3–21 所示。

（1）系统原理和组成

废水防冰：飞机上产生的固体污物存储在蓄污罐里。加热元件安装在污物罐上下游的管道上，以防止管道结冰导致堵塞。厨房和盥洗室产生的液体污物，通过两个排水桅杆实时排出飞机。两个排水桅杆处都安装有加热元件，防止排水桅杆结冰导致堵塞。

水防冰：饮用水管路外包覆有起到保温隔热作用的绝热层，并通过电加热来防止管路结冰。

饮用水管路上布置有温度传感器，测量可能结冰区域的温度。

服务面板：饮用水服务面板和污物服务面板的充排水接嘴、溢流接嘴和冲洗接嘴上残留的水结冰会导致堵塞或者损坏，在上述部件处安装加热电路来防止结冰。

（2）系统控制

水／废水防冰系统由防冰控制单元（IPCU）控制，共两个。

系统每 5min 自检一次，检测结果存储在防冰控制单元内，地面维护人员可以通过乘务员面板查看自检结果。

3.3.2.7　防滑锁定装置防冰

防滑锁定装置如图 3–28 所示。

（1）系统原理和组成

防滑锁定装置防冰系统保证舱门可以在结冰条件下正常打开。

在每个机组／乘员舱门的锁闭板处有两个加热元件。一个装在锁闭板底部，另一个装在锁片上部。全机 8 个舱门安装有防滑锁定装置防冰系统，共 16 个加热元件。

系统由防冰保护控制单元（IPCUs）控制，共两个。

（2）主要成品

舱门滑动装置加热器：由加热元件、热敏电阻和超温开关组成。超温开关在 80℃时切断加热。

3.3.2.8　结冰探测系统

结冰探测器和结冰指示器如图 3–29 所示。

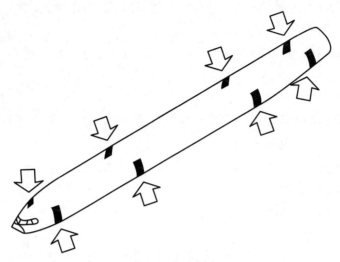

图 3-28　防滑锁定装置

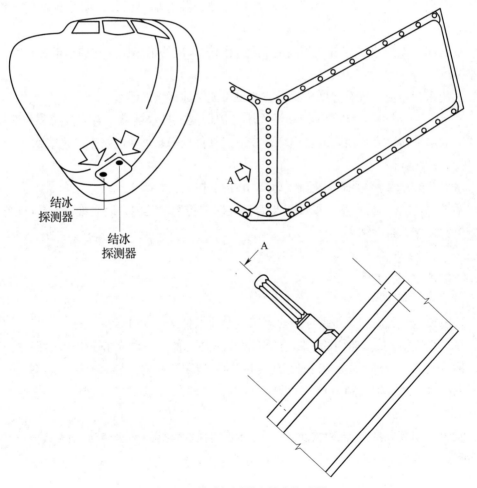

图 3-29　结冰探测器和结冰指示器

（1）系统原理和组成

结冰探测系统在所有飞行阶段都工作。

飞机上安装有两个结冰探测器，对系统正常工作一个结冰探测器足够，另一个做冗余备份。探测器根据敏感元件的振动频率的变化来判断表面是否结冰。当探测器表面结冰时，敏感元件振动的频率会减小，探测器给电子中央监控系统（ECAM）发出告警信号，通过视觉和听觉信号提醒机组手动打开防除冰系统。

告警发出后，探测器的电加热自动打开，除去探测器表面的冰以便进行下一次探测。

前风挡中间安装了一个飞行员可视的结冰指示器，当该结冰指示器上结冰时，两个飞行员都可以目视观察到。为了在夜间可视，结冰指示器上安装有指示灯。

（2）主要成品

结冰探测器：

探测器有两种探测模式：一种使用一个基本探测元素，用来产生发动机进气道防冰告警；另一种使用选定的 7 个基本探测元素，用来产生机翼防冰告警。一个基本探测元素对应着结 0.5mm 厚的冰。

探测器的基准振动频率是 40kHz，当结冰时，频率会减小。探测器的基准振动频率每下降 133Hz 频率，相当于产生 0.508mm ± 0.127mm 的冰层厚度。

结冰探测器会产生三种信号：

①当产生 0.5mm 厚的冰时，发出 "ICE" 信号，持续 60s。

②当产生 5mm 厚的冰时，发生 "SEVERITY" 信号。

③当发出 "FAULT" 信号时，意味着系统内部产生故障。

（3）系统操作

结冰指示器灯开关如图 3-30 所示。

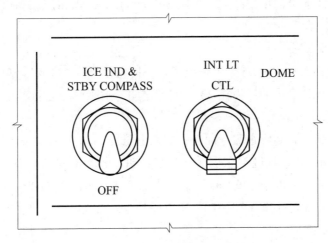

图 3-30　结冰指示器灯开关

当出现结冰气象条件时，探测器表面结冰，然后在驾驶舱产生视觉和听觉的结冰告警。机组根据告警信息详情，手动打开相应的防除冰系统。

夜间飞行时，机组应手动打开 "ICE IND & STBY COMPASS" 开关，以便观察结冰指示器表面是否结冰。

（4）系统告警

发动机进气道防冰告警信息为 "ENG A. ICE"，机翼防冰告警信息为 "WING A. ICE"，当机组打开相应的防除冰系统后，告警信息消失。

如果 190s 内没有结冰信号，则告警信息 "WINGA. ICE and ENG A. ICE" 开始闪烁，提示机组关闭防除冰系统。

当大气总温高于 8℃ 时，"ICE" 和 "SEVERITY" 信号被抑制，因为只有大气总温在 8℃ 以下时，飞机才可能结冰。

3.3.3   性能参数

3.3.3.1   机翼防冰系统

- 系统正常工作时，空气压力是 155.13kPa，温度是 200℃。

3.3.3.2   发动机进气道防冰系统

- 系统的正常工作压力在 427kPa 左右，正常工作温度在 200℃ 左右。

3.3.3.3   风挡防冰和除雾系统

- 风挡加温有正常和最大两挡：正常挡风挡的温度调节目标是 35 ~ 42℃；最大挡风挡的温度调节目标是 31 ~ 48℃。

- 前风挡：内嵌两个温度传感器，其中一个作为备份。加热供电是 200VAC/400Hz，地面时的加热功率是 $37.25W/dm^2$，空中时的加热功率是 $74.5W/dm^2$。

- 侧风挡：两个温度传感器，其中一个作为备份。加热供电是 115VAC/400Hz，地面和空中的加热功率都是 $17W/dm^2$。

- 通风窗：不安装温度传感器。加热供电是 115VAC/400Hz，地面和空中的加热功率都是 $17W/dm^2$。

3.3.3.4   风挡除雨系统

- 雨刷的慢挡为每分钟 95 个工作循环，快挡为每分钟 140 个工作循环。

- 雨刷在前风挡表面的压力在 20 ~ 55N 之间，雨刷臂的运动速度是 472km/h。

3.3.3.5   水 / 废水防冰系统

- 饮用水服务面板和废水服务面板：加热电压是 115VAC/400Hz，充排水接嘴在温度小于 6℃ 时开始加热，超过 10℃ 时关闭加热，超过 80℃ 时自动切断加热。

- 饮用水管路：温度小于 6℃ 时开始加热，超过 10℃ 时关闭加热。

- 排水桅杆：温度小于（10±1）℃ 时打开加热，超过（15±1）℃ 时关闭加热。

3.3.3.6   防滑锁定装置防冰

- 加热元件的加热供电是 115VAC/400Hz。当环境温度低于 12℃ 时，打开加热；当环境温度高于 17℃ 时，关闭加热。航空公司可以在 3 ~ 80℃ 范围内自己修改该设定值。

3.3.4　设计特点

3.3.4.1　机翼防冰系统

● 与 A300、A320 型飞机不同，A330 型飞机的机翼防冰系统单侧有两个支路，分别对 4 号和 5、6、7 号前缘缝翼进行加热。

● 系统的工作压力和流量由机翼防冰阀门和阀门下游安装的线性限流器共同控制。如果机翼防冰阀门故障在开位，线性限流器可以防止供往前缘缝翼的流量过大。

● 为了防止误告警，ECAM 将故障数据的传递进行延迟：系统打开时延迟 10s；系统关闭时延迟 20s。

3.3.4.2　发动机进气道防冰系统

● 如果地面发现发动机进气道防冰阀门有问题，为了满足带故障飞行的能力要求可以将其手动锁定在开位或关位。

● 系统的打开和关闭由发动机进气道防冰阀门控制，阀门对发动机引出的热空气进行调压，在该阀门下游安装有限流器以调节流量。如果下游管路破损，限流器可以控制泄漏的最大流量。

3.3.4.3　传感器防冰系统

● 传感器防冰系统安全裕度很高，系统的机长（CAPT）、副驾驶（F/O）和备用（STBY）三个通道，只要有一个通道正常，系统都可以正常工作。在地面发动机没有起动时，机组可以通过其他电源来起动该系统。

● 飞机在地面时不能起动总温传感器加温。

● 系统的监测和控制由传感器加热计算机（PHC）完成，PHC 共有三个，分别对应一个控制通道。

● 传感器防冰的加热模式由传感器加热计算机（PHC）自动控制。

3.3.4.4　风挡防冰和除雾系统

● 系统的安全裕度较高，前风挡和侧风挡都有两个温度传感器。只要有一个传感器正常工作，系统就可以正常运行。在地面发动机没有起动时，机组可以通过其他电源来起动该系统。

● 侧风挡和通风窗对飞行员视野的影响小于前风挡，因此通风窗没有内嵌温度传感器，其与侧风挡共用两个温度传感器。

● 前风挡、通风窗和侧风挡的温度调节是独立的，通过镶嵌在玻璃里的加热元件进行加热。系统的加热规律和告警由窗户加热计算机（WHC）控制，共两台。

● 考虑到地面和空中的热载荷不同，前风挡防冰和除雾系统地面时半功率加热，飞行时全功率加热。

3.3.4.5　风挡除雨系统

● 系统由机组手动控制。

● 风挡上的疏水涂层和除雨剂系统不能同时装机。

- 雨刷能够在下列飞行阶段工作：滑行、起飞、进场以及着陆。

3.3.4.6 水/废水防冰系统

为了减轻机组操作负担，该系统由防冰控制单元（IPCU）自动控制，不能人工控制。

3.3.4.7 防滑锁定装置防冰

为了减轻机组操作负担，该系统由防冰控制单元（IPCU）自动控制，不能人工控制。

- 防冰保护控制单元（IPCUs）每 5min 自检测一次，数据存储在自检测设备的内存中，可供地勤人员维护时查看。

3.3.4.8 结冰探测系统

- 系统同时安装有自动工作的结冰探测器和依赖人工目视检查的结冰指示器。这种设计既减轻了机组的工作负担，也可以在自动系统万一发生故障时保证机组依然有途径发现结冰气象条件。

- 系统安全裕度较高。机头下部安装有两个结冰探测器，对系统正常工作一个结冰探测器就足够，另一个做冗余备份。

- 系统可以对机翼结冰和发动机进气道结冰发出不同的告警信息，提示机组打开相应系统。结冰气象条件消失后，系统可以提示机组关闭防除冰系统，以节约燃油。

- 该系统在地面不工作，因为起动该系统需要一定的空速。

3.3.5 相关事故

（1）2007 年 5 月 19 日，一架中华航空由中国台湾高雄飞往中国香港的空中客车 A330-303 型客机在 23000ft 高空中发动机熄火，初步认定是天气恶劣，飞机行经雷雨区，飞机结冰速度太快。由于机长下降前已做好所有防冰措施，因此 1min 内，两台发动机由系统自动点火后，即恢复正常飞行，飞机正常降落中国香港机场，误点 10min。同型发动机先前在全球已经发生过 8 次类似事件，空中客车也发布过相关通告。

（2）2009 年 6 月 1 日，法国航空 447 号班机从巴西里约飞往法国巴黎，在巴西圣保罗岛屿附近坠毁，机上 228 人全部罹难。事故原因为空速管结冰使飞机未能侦测到空速，自动驾驶自动关闭。机组错误操作导致飞机失速，最后酿成空难。

3.4 A340

3.4.1 飞机概况

空中客车 A340 是一种长程宽体客机，该型机的高科技特色包括：

- 全数字式线控飞行控制系统。
- 侧置的驾驶杆代替传统的驾驶盘。

- 与双发动机客机 A330 拥有相同的飞行员评级。
- 使用阴极射线管屏幕的玻璃驾驶舱。
- 机体结构的一部分使用复合材料。

3.4.2　系统说明

A340 飞机 001–099 架机和 101–199 架机的防除冰系统方案有较大区别，下文将对此进行详细说明。

3.4.2.1　机翼防冰系统

（1）系统原理和组成

在结冰气象环境下，机翼前缘缝翼表面可能会出现结冰，从而影响机翼的气动性能，威胁飞行安全。机翼防冰系统使用从发动机压气机引出的热空气来加热机翼前缘的易结冰区域，以达到防冰的目的。热空气从发动机第 5 级或第 9 级高压级压气机（001–099 架机）、第 1 级或第 6 级高压级压气机（101–199 架机）引出，经过引气系统进行初步的降温降压，然后进入机翼防冰系统。

不打开机翼防冰系统时，引气系统出口温度为 150℃。在打开机翼防冰系统后，为了满足给机翼前缘加热的要求，引气系统供给机翼防冰系统的热空气温度为 200℃。001–099 架机的机翼防冰区域为每侧机翼的 4、5、6、7 号前缘缝翼，如图 3–31 所示。101–199 架机的机翼防冰区域为每侧机翼的 3、4 号前缘缝翼，如图 3–32 所示。

机翼防冰系统由位于顶控板上的"WING"按钮、机翼防冰阀门、伸缩管、笛形管以及柔性管道组成。

从引气系统引出的热空气，先经过机翼防冰阀门进行调压，然后通过伸缩管进入前缘缝翼内的笛形管。伸缩管可以随着前缘缝翼的运动而运动，其中 4、5、6、7 号缝翼（001–099 架机），3、4 号缝翼（101–199 架机）内的笛形管之间通过柔性管路互相连接。

热空气进入笛形管后，从笛形管表面的小孔均匀喷出，热空气在前缘缝翼的防冰腔内流动，对前缘缝翼蒙皮进行加热，然后流经结构加速槽从前缘缝翼下部的排气口排出机外。

（2）主要成品

机翼防冰阀门：

该阀门是机翼防冰的总开关，控制系统的打开与关闭。这是一个电控气动阀门，机组通过按下顶控板上的"WING"按钮来打开，当阀门打开后其工作完全靠阀门内部机械结构来自动工作。阀门控制其下游压力（即系统工作压力）在 155kPa 左右，当下游压力增加到 213kPa 时，阀门向控制系统发出"high pressure"信号；当下游压力减小到 96.5kPa 时，阀门向控制系统发出"low pressure"信号。为了保证飞机可以带故障执行任务，在地面该阀门可以手动锁定在开位或关位。当机翼防冰阀门有供电或供气故障时，阀门自动关闭。

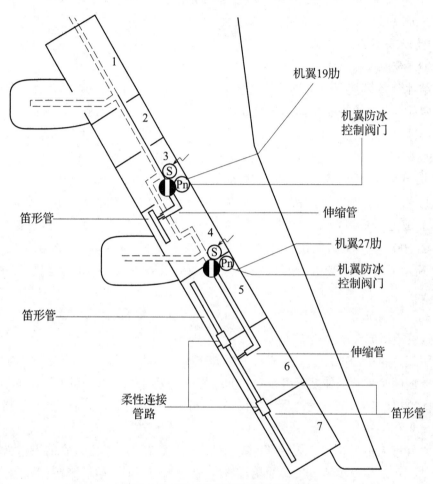

机翼19肋

机翼防冰
控制阀门

伸缩管

机翼27肋

机翼防冰
控制阀门

伸缩管

笛形管

笛形管

柔性连接
管路

笛形管

图 3-31　001-099 架机机翼防冰系统

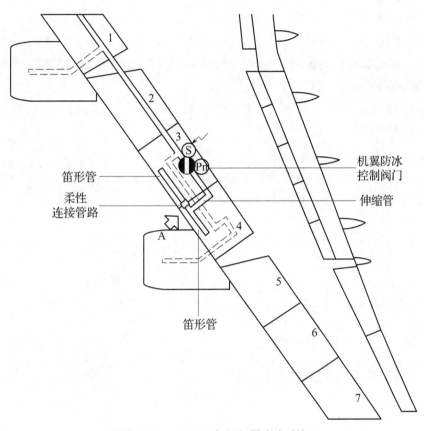

图 3-32　101-199 架机机翼防冰系统

伸缩管：

伸缩管由三层同心管组成。外层管的前端固定在飞机蒙皮上，后端固定在防冰管道上。内层管前端连接在笛形管上，后端也固定在防冰管道上。工作时伸缩管可以随着前缘的运动而伸长或缩短。如图 3-33 所示。

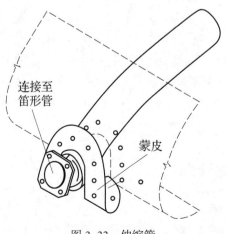

图 3-33　伸缩管

笛形管：

001-099 架机：每侧机翼有 4 个笛形管，每个笛形管在靠前的方向有 3 个排出气孔。4 号前缘缝翼的笛形管直径是 80mm，5 号前缘缝翼的笛形管直径是 63.5mm，6 号前缘缝翼的笛形管直径是 58mm，7 号前缘缝翼的笛形管直径是从内侧 58mm 逐渐减小到外侧 38mm 的变径管。

101-199 架机：每侧机翼有两个笛形管，每个笛形管在靠前的方向有 3 个排出气孔。笛形管直径均是 80mm。

（3）系统操作

当结冰探测系统给出结冰告警信号后，机组手动按下位于顶控板上的"WING"按钮，打开机翼防冰系统。机翼防冰按钮如图 3-34 所示。

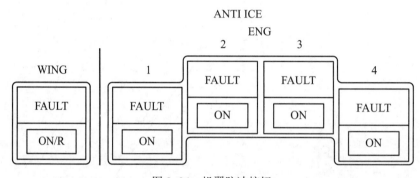

图 3-34　机翼防冰按钮

进行机翼防冰系统地面测试时，首先机组按下顶控板上的"WING"按钮打开机翼防冰系统，按钮上的琥珀色告警灯随即亮起，直到系统压力增大至 96.5kPa（001-099架机）或者 104 ～ 110kPa（101-199 架机）后告警灯关闭。为了防止在地面加热机翼前缘损坏结构，地面测试该系统时 30s 后自动停止。如果没有自动停止，系统 EWD（发动机告警显示）上会显示"ANTI-ICE GND TST OVRUN on the EWD"，此时机组应该手动关闭系统。

（4）系统告警

显示在 ECAM 系统上的告警信息有"A.ICE L（R）INR（OUTR）LO PR（机翼防冰左 / 右低压）""A.ICE L（R）INR（OUTR）HI PR（机翼防冰左 / 右高压）""A.ICE WAI SYS FAULT（机翼防冰系统故障）""A.ICE L（R）INR（OUTR）WING OPEN（机翼防冰左 / 右内 / 外打开）""A.ICE WING OPEN ON GND（机翼防冰地面打开）""A.ICE WING VALVE NOT OPEN（机翼防冰阀门没有打开）"。

3.4.2.2　发动机进气道防冰系统

发动机进气道防冰系统如图 3-35、图 3-36 所示。

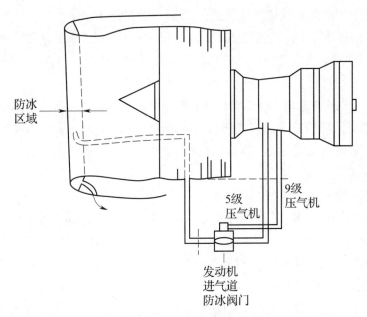

图 3-35　001-099 架机进气道防冰

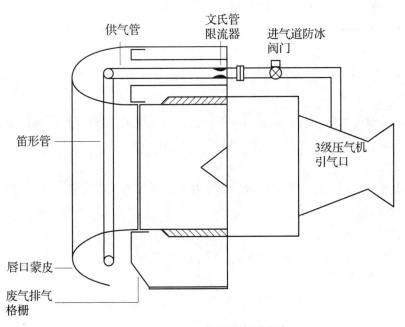

图 3-36　101-199 架机进气道防冰

（1）系统原理和组成

结冰气象条件下，发动机进气道唇口可能结冰，该区域的积冰一旦脱落并被吸入发动机，有可能造成发动机叶片损坏，威胁飞行安全。发动机进气道防冰系统使用从发动机压气机引出的热空气加热进气道唇口，以达到防冰的目的。

001–099 架机的发动机进气道防冰系统使用 5 级压气机引气，从发动机引出的高温高压热空气经过发动机进气道防冰阀门后，从旋转喷嘴喷出，在唇口结构内流动后从短舱的下部排气孔排出。

101–199 架机从 3 级高压压气机引气，热空气通过发动机进气道防冰阀门后，再经过限流文氏管进入环绕整个进气道唇口的笛形管，然后喷射到唇口内以起到防冰的目的，最后废气从进气道唇口的下部排气孔排出。

（2）主要成品

发动机进气道防冰阀门：

001–099 架机：该阀门是开关两位阀，当没有供电或者起动压力过小时，阀门处于关位。从发动机 9 级压气机引出一路气作为该阀门的驱动压力源，当驱动压力高于表压 68.95kPa 时阀门可以通过阀门碟板进行运动。为了满足飞机带故障放飞能力，该阀门可以手动锁定在开位或者关位。

101–199 架机：该阀门是带关断功能的气动调压蝶阀，当上游压力大于 1035kPa 时，阀门下游的压力调节至（427.5±35）kPa；当上游压力小于 724kPa 时，阀门下游的压力调节至（427.5±13.8）kPa。该阀门内置高压开关和低压开关，当下游压力高于 42kPa（该值低于系统最低工作压力）时，低压开关关闭阀门，该低压开关可以在地面慢车和空中慢车时监控系统；当下游压力超过 586kPa（该值高于系统最高工作压力）时，高压开关关闭阀门。为了满足飞机带故障放飞能力，该阀门可以手动锁定在开位或者关位。

减压门：001–099 架机：减压门可以在管道出现破裂，唇口内压力过高时及时将压力卸掉，以防止损坏唇口结构。当内外差压达到 16.5kPa 时，该减压门打开。

文氏管限流器：

101–199 架机：当进气道防冰阀门锁定在开位或管道破损时，文氏管限流器可以限制系统最大流量。

笛形管：

101–199 架机：该环状笛形管的直径为 5cm，表面共开有 464 个 2mm 的小孔。

（3）系统操作

机组根据结冰探测系统给出的告警信息，按下"ENG1/2/3/4"按钮，手动打开进气道防冰系统。

当系统打开时，FADEC（全权限发动机数字控制系统）自动改变发动机控制构型，减小对 N1 转速的限制，以同时满足发动机推力和进气道唇口防冰的流量需求。

当该系统出现故障时，驾驶舱会出现单谐音声音告警、主告警灯闪烁视觉告警，EWD（发动机告警显示）上出现告警语句。

3.4.2.3　传感器防冰

全机传感器位置示意图如图 3-37 所示。

（1）系统原理和组成

传感器防冰系统包括对空速管、静压管、迎角传感器、总温传感器进行电加热。

（2）主要成品

空速管：使用 115VAC/400Hz 供电，传感器防冰计算机（PHC）自动控制飞机在地面时加热功率减小。空中加热电流小于 0.9A 或者大于 6A，地面加热电流小于 0.4A 或者大于 4A 时产生告警信号。

静压管：使用 28VDC 供电，加热元件在取压孔的外边缘。加热电流小于 1.3A 或者大于 4A 时产生告警信号。

迎角传感器：使用 115VAC/400Hz 供电，加热风向标的内部。加热电流小于 0.12A 或者大于 5A 时产生告警信号。

总温传感器：使用 115VAC/400Hz 供电，加热空气进口的前缘。PHC 自动控制总温传感器在地面不加热。加热电流小于 0.8A 或者大于 4A 时产生告警信号。

（3）系统操作

该系统优先级较高，当第一个发动机（2 号或 3 号）起动时，传感器防冰自动起动。如果在地面出现了严重的结冰气象条件，可以按下"PROBE / WINDOW HEAT"来使用其他电源对传感器进行加热。

传感器防冰计算机（PHC）对传感器加热进行监测和控制。

传感器加热电流过大或过小都会在驾驶舱产生告警信号。

3.4.2.4　风挡加温系统

（1）系统原理和组成

前风挡通过电加热进行防冰和除雾，通风窗和侧风挡只通过电加热进行除雾。

（2）主要成品

前风挡：电加热的供电是 200VAC/400Hz，加热元件是导电薄膜。其在 20℃时的表面电阻是 11.08Ω·m。玻璃内嵌两个温度传感器，一个做备份，其表面电阻随着温度线性变化，在 20℃时的表面电阻是 600Ω·m。

前风挡加热功率有两挡：地面 37.25 W/dm²，空中 74.5 W/dm²，地面加热功率是飞行时加热功率的一半。

通风窗和侧风挡：加热元件由电阻丝组成，其在 20℃时的表面电阻是 5.91Ω·m。001-099 架机每个侧风挡上装有两个温度传感器，其中一个做备份。101-199 架机每个侧风挡上装有三个温度传感器，其中两个做备份。通风窗上没有安装温度传感器。

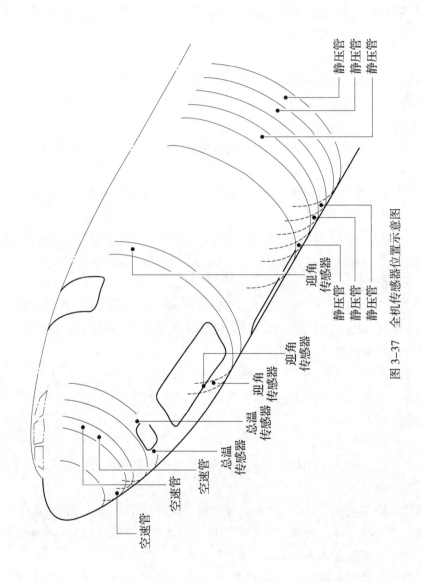

图 3-37　全机传感器位置示意图

通风窗和侧风挡加热功率都是 17W/dm^2，供电是 115VAC/400Hz。

（3）系统操作

风挡防冰和除雾按钮如图 3-38 所示。

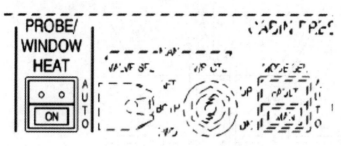

图 3-38　风挡防冰和除雾按钮

该系统优先级较高，当第一个发动机（2 号或 3 号）起动时，风挡防冰和除雾系统自动起动。如果在地面出现了严重的结冰气象条件，可以手动打开该系统，按下"PROBE/ WINDOW HEAT"来使用其他电源对传感器进行加热。最后一个发动机（2 号或 3 号发动机）关闭后，加热自动停止。

系统由窗户加热计算机（WHC）进行监测和控制，共有两台。

如果风挡加温系统有故障，ECAM 会给机组视觉和听觉告警。

3.4.2.5　风挡除雨系统

雨刷和除雨剂系统如图 3-39 所示。

（1）系统原理和组成

该系统由雨刷和除雨剂系统组成，也可以在前风挡上涂设疏水涂层。疏水涂层和除雨剂系统不能同时装机。

雨刷只在前风挡上安装，有两个完全独立的通道：左侧是机长通道雨刷，右侧是副驾驶通道雨刷。

风挡玻璃上的疏水涂层可以使雨水在玻璃上呈现类似于水银的水滴状，对飞行员视野影响较小，且更容易被雨刷器除去。

在暴雨环境下，可以使用驱雨系统向前风挡喷射除雨剂，让水在风挡表面不形成水膜，而是形成水滴，在气动力作用下吹散。

（2）系统操作

降雨条件下，机组通过顶控板上的两位旋钮"WIPER"起动雨刷器，除雨剂系统通过"RAIN RPLNT"按钮起动。

雨刷器由两速马达驱动，有快、慢、停三挡。

3.4.2.6　水系统防冰

（1）系统原理和组成

①废水防冰：盥洗室产生的固体废物排至蓄污罐中。电加热元件安装在进入蓄污罐的管道中。

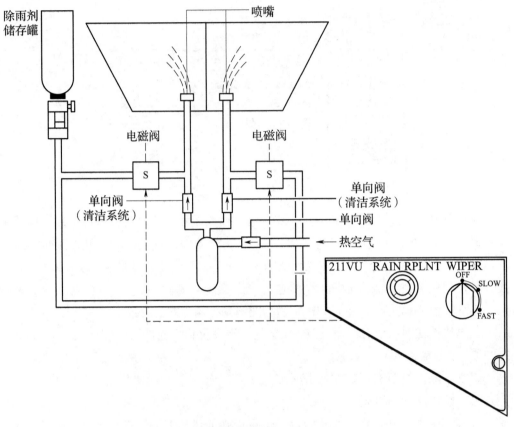

图 3-39　雨刷和除雨剂系统

厨房以及盥洗室洗手盆产生的废水，通过两个排水桅杆实时排出飞机。排水桅杆和废水管道上安装有电加热元件。

②饮用水检查面板加热系统、污物检查面板加热系统：饮用水检查面板、污物检查面板的加 / 排水接嘴、溢流接嘴以及冲洗接嘴结冰可能会导致管路堵塞或者破损，因此在接嘴上安装有电加热元件。

③饮用水防冰系统：饮用水管路外部包覆绝热层，并进行电加热防冰。

（2）系统起动逻辑

水防冰控制单元（WIPCU）控制加 / 排水嘴和溢流嘴的加热周期，共两个。该系统不能手动控制，其加热电源是 115VAC/400Hz，当加热元件表面温度高于（110±5）℃时自动切断加热。

3.4.2.7　逃生锁闭装置防冰

防滑锁闭装置如图 3-40 所示。

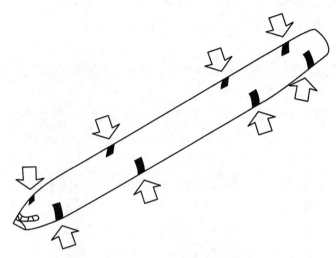

图 3-40　防滑锁闭装置

（1）系统原理和组成

系统通过对舱门锁闭装置进行电加热，防止结冰条件下舱门处的冷凝水冻结，影响舱门正常打开。

驾驶员门、乘客门、应急逃生门的两个锁定陶瓷板处均安装有加热元件，共 8 个舱门，16 个加热元件。

（2）主要成品

舱门滑动装置：每个舱门安装两个加热元件，加热元件表面温度超过 80℃时自动切断加热。

（3）系统起动逻辑

该系统不能人工控制，系统的加热电源为 115VAC/400Hz。锁定陶瓷板温度低于 12℃时系统自动打开，高于 17℃时系统自动关闭，该值可以由航空公司手动在 3 ~ 80℃范围内进行修改。

3.4.2.8　结冰探测系统

（1）系统原理和组成

当探测到飞机处于结冰气象条件下时，结冰探测系统向机组发出告警信息。此时机组应该根据告警信息详情，手动打开机翼防冰系统或者发动机进气道防冰系统。

飞机上安装了两个结冰探测器，其中一个作为备份。

001-003 架机在左右两块前风挡中间安装了一个可视的结冰指示器。004-099 架机、101-199 架机升级成了一个有指示灯的结冰指示器，同时配置了一个"ICE IND & STBY COMPASS"开关来手动控制可视结冰指示器的指示灯开关。

（2）主要成品

结冰探测器：探头由磁伸缩性的镍合金管构成，直径为 6.35mm，有一段 25.4mm

的伸出段。振动频率每降低 133Hz，对应着 0.5mm 的结冰厚度。告警后探测器内部起动加热，以除去探测器表面结冰后准备下一次探测。

（3）系统告警

结冰探测器表面结冰，其固有振动频率下降后，系统给 ECAM 发出一个告警信号，提示机组出现结冰情况。

探测到结冰后，探测器内部起动电加热除去表面的冰，以便进行下一次探测。当结冰条件消失后，系统产生 "ICE NOT DET" 信号，提示机组关闭防冰系统，以节约燃油。

结冰探测系统以微量结冰为基本元素，一个基本探测元素对应着结 0.5mm 厚的冰。结冰探测器有两挡探测：

①一个基本元素，产生发动机防冰告警信息 "ENG A. ICE"。

② 7 个基本元素，产生机翼防冰告警信息 "WING A. ICE"。

当有 7 个结冰元素后，发出 "SEVERITY" 告警，对应机翼上结 5mm 厚的冰。打开机翼防冰系统后，该严重告警自动消失。190s 内没有新的结冰告警出现后，"ENG A. ICE" 和 "WING A. ICE" 告警信号消失。

3.4.3　性能参数

3.4.3.1　机翼防冰系统

- 系统的工作压力为 155kPa，温度为 200℃。

3.4.3.2　发动机进气道防冰系统

- 系统正常工作压力在 427.5kPa 左右。

3.4.3.3　风挡防冰和除雾系统

- 前风挡和通风窗的温度控制范围都是 35 ~ 42℃。

3.4.3.4　风挡除雨系统

- 快挡和慢挡分别是 140 个循环 /min 和 95 个循环 /min。

3.4.3.5　水系统防冰

- 饮用水防冰系统监控管路和水槽的温度，当温度低于（6±1）℃时，打开加热；当温度高于（10±1）℃时，关闭加热。

3.4.4　设计特点

3.4.4.1　机翼防冰系统

- A340 型飞机 001-099 架机的机翼防冰系统和 A330 型飞机一样，单侧有两个支路，分别对 4 号和 5、6、7 号前缘缝翼进行加热。101-199 架机的机翼防冰系统对每侧机翼的 3、4 号前缘缝翼进行加热。
- 为了防止误告警增加机组工作负担，当机翼防冰系统打开时，系统相关的告警信号延迟 10s；当机翼防冰系统关闭时，系统相关的告警信号延迟 20s。

3.4.4.2　发动机进气道防冰系统

- 001-099 架机热空气从旋转喷嘴喷到进气道唇口结构内，101-199 架机热空气从笛形管喷到进气道唇口结构内。

● 001-099 架机的进气道防冰阀门是开关两位阀，101-199 架机进气道防冰阀门是带关断功能的气动调压蝶阀。

● 001-099 架机短舱结构上设置有减压门，可以在系统发生泄漏时及时将压力卸掉。101-199 架机管路上设置有文氏管限流器，当进气道防冰阀门锁定在开位或管道破损时，文氏管限流器可以限制系统最大流量，保证发动机的正常工作。

3.4.4.3　传感器防冰

● 三台 PHC 分别对下面三个通道进行监控。机长通道：监控空速管、左右静压管、迎角传感器、总温传感器；副驾驶通道：监控项目同机长通道；备用通道：监控空速管、左右静压管、迎角传感器。

● 传感器防冰系统安全裕度很高，只要有一个通道正常，系统都可以正常工作。

● 101-199 架机在 001-099 架机的基础上增加了对发动机 P20T20 传感器的电加热防冰。

3.4.4.4　风挡防冰和除雾系统

● 前风挡、通风窗和侧风挡的温度控制是互相独立的。

● 101-199 架机新增了单独切断前风挡、通风窗和侧风挡加温的功能。

● 通风窗里没有温度传感器，使用侧风挡里的温度传感器来控制通风窗的温度。

3.4.4.5　风挡除雨系统

● 系统由机组手动控制。

● 雨刷在风挡上的压力在 20 ~ 55N 之间。

● 在地面发动机没有起动时，EIVMU（发动机振动监测单元）阻止除雨剂系统运行。

3.4.4.6　水系统防冰

● 为了减轻机组的工作负担，系统由水防冰控制单元（WIPCU）自动控制，不能手动控制。

3.4.4.7　逃生锁闭装置防冰

● 001-099 架机有 8 个控制单元控制和监控加热元件的温度。101-199 架机简化为两个控制单元（IPCUs）控制和监控加热元件的温度。

● 为了减轻机组的工作负担，系统由控制单元（IPCUs）自动控制，不能手动控制。

● 101-199 架机逃生门没有安装该系统。

3.4.4.8　结冰探测系统

● 该系统在地面禁止使用，因为起动需要一定的空速。"ICE and SEVERITY"信号在总温高于 8℃ 时不会出现，因为结冰只能存在于总温低于 8℃，并且空气中有水的气象条件中。

- 004-099、101-199 架机相比 001-003 架机，结冰指示器增加了照明灯，可以保证机组在夜间可以目视观察到结冰情况，提高了安全性。
- 系统安全裕度较高。机头下部安装有两个结冰探测器，对系统正常工作一个结冰探测器就足够，另一个做冗余备份。

3.4.5 相关事故

A340 型飞机没有结冰导致的事故。

3.5 A380

3.5.1 飞机概况

A380 客机是全球载客量最大的客机，是航空界首架真正意义上的双层客机，从头到尾均为双层客舱。当采用最高密度座位安排时，可承载多达 893 名乘客；在三级舱配置下（头等舱—商务舱—经济舱）可承载约 555 名乘客。其客舱实用面积达 478m^2（5145ft^2），比波音 747-8 大超过 40%。也是现时唯一拥有 4 条乘客通道的客机，典型座位布置上层为 "2-4-2" 形式，下层为 "3-4-3" 形式。

3.5.2 系统说明

3.5.2.1 机翼防冰系统

机翼防冰系统如图 3-41 所示。

（1）系统原理和组成

机翼防冰系统由 1 个 "WING" 按钮、4 个机翼防冰阀门、2 个伸缩管，2 个笛形管组成。引自发动机压气机的热空气加热 4 号前缘缝翼。通常左右侧系统分别使用 1、4 号发动机的引气，当外侧发动机引气不能使用时，打开引气系统的 3 个交叉引气阀门，使用其他发动机的引气。

系统的总开关是上游的机翼防冰阀门，该阀门是压力调节关断型阀门。阀门的下游安装有线性限流器，如果机翼防冰阀门故障在开位，限流器可以限制发动机引气的最大流量，防止对发动机推力造成不良影响。

（2）主要成品

机翼防冰系统成品布置如图 3-42 所示。

机翼防冰阀门：电控气动阀门，阀门由以下部件组成：执行机构、阀门碟板、电磁阀、两个压力开关、两个地面测试接口。当电磁阀没有上电时，执行机构和大气导通，阀门处于全关位置。当电磁阀上电后，执行机构和管道内压力导通，此时碟板打开，阀门处于开位置。安装在阀门下游的高压和低压开关，在下游压力过低或者过高时会给控制系统发出相应信号。地面可以通过给上游和下游的测试接口通气来检查阀门是否正常。阀门可以人工置于打开或关闭，如果一个机翼防冰阀门故障，可放行。

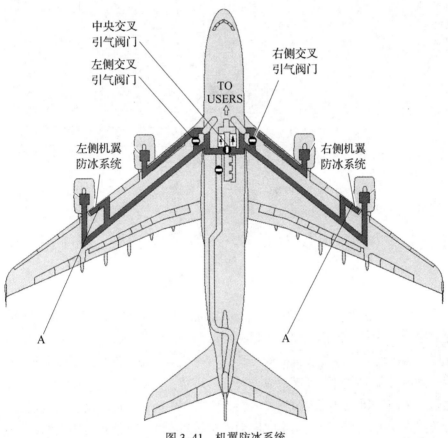

图 3-41 机翼防冰系统

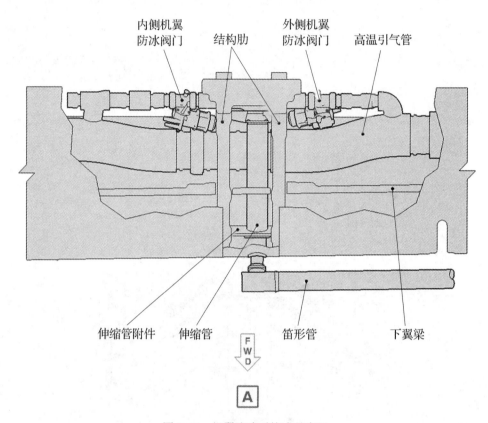

内侧机翼防冰阀门　结构肋　外侧机翼防冰阀门　高温引气管

伸缩管附件　伸缩管　笛形管　下翼梁

FWD

A

图 3-42　机翼防冰系统成品布置

伸缩管：伸缩管由 3 层同心管组成，可以随着 4 号前缘缝翼的运动而伸长或缩短，保证缝翼运动时系统可以正常工作。如图 3-43 所示。

外层管（固定的）穿过飞机结构，其前端连接至管路附件，其后端通过伸缩盒组件连接至防冰管路。中间层管可以在外层管内滑动，其后端有一个密封装置，这个密封装置防止中间层和外层之间漏气。内层管可以在中间层管内滑动，其后端也有另一个密封装置，这个密封装置防止中间层和内层之间漏气，其前端有固定法兰，通过弯头连接至笛形管。两个密封装置可以作为轴承使用。

笛形管：

笛形管位于系统的最末端。其表面设置有密集小孔，可以将热空气均匀地喷射到缝翼的蒙皮上，加热缝翼的易结冰区域。

（3）系统操作

当结冰探测系统发出告警信息后，机组应手动按下顶控板上的"WING"按钮打开机翼防冰系统。当结冰告警信息消失后，系统会提示机组弹起"WING"按钮。如图 3-44 所示。

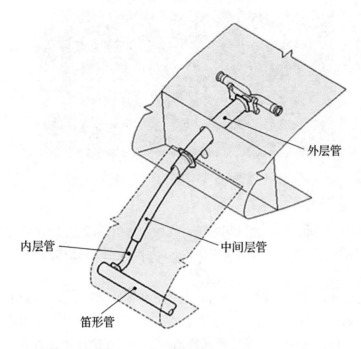

外层管

内层管

中间层管

笛形管

（a）伸缩管伸长位置

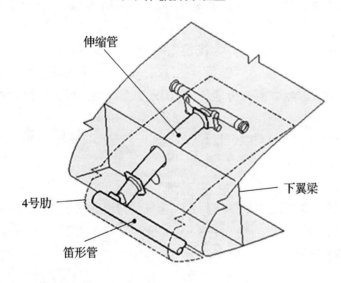

伸缩管

下翼梁

4号肋

笛形管

（b）伸缩管收缩位置

图 3-43　伸缩管

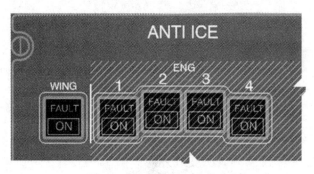

图 3-44   机翼防冰系统按钮

（4）系统告警

机翼防冰管路上安装有过热探测系统，当检测到泄漏或者过热时，会自动关闭机翼防冰阀门。如果发生泄漏导致前缘缝翼内压力过高，飞机结构的泄压板会打开，然后将空气排至大气。

当驾驶舱出现"SEVERE"告警信号，且机翼防冰系统没有被打开时：EWD上出现告警信息、主告警灯亮起、单谐音声音告警响起。此时机组必须手动打开机翼防冰系统，当打开后，上述告警现象消失。当机翼防冰系统打开，并且190s没有探测到结冰气象条件时，EWD上出现"ICE NOT DET"。此时应手动关闭机翼防冰系统。

当机翼防冰系统出现故障时，顶控板"WING"按钮的故障灯亮起，ECAM上出现听觉和视觉告警，EWD上显示告警信息，简图页上显示故障信息。为了防止误告警，当系统打开时，故障数据的传递延迟10s；当系统关闭时，故障数据的传递延迟20s。

为了防止高温损坏飞机结构，机翼防冰系统地面测试只能持续30s，然后系统自动关闭，以防前缘缝翼过热。

3.5.2.2   发动机进气道防冰系统

发动机进气道防冰系统如图3-45所示；排气腔构型如图3-46所示；O形圈构型如图3-47所示。

（1）系统原理和组成

发动机进气道防冰系统从发动机3级高压级压气机引气，热空气经过关断阀门、压力调节阀门进入发动机进气道唇口。热空气在加热唇口结构内壁之前，要先进入混合腔或O形圈，然后从混合腔或O形圈上的三个喷嘴喷射到唇口结构内壁。这种喷嘴形式可以让气流更加均匀，并利用喷射泵效应使热空气在结构内更好地循环。

关断阀门和压力调节阀门之间安装有限流器，防止下游管道破裂时系统流量过大。

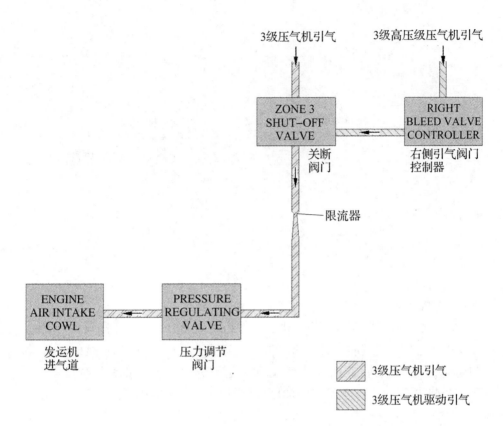

图 3-45 发动机进气道防冰系统原理

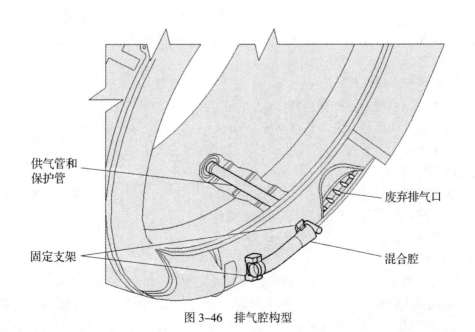

图 3-46 排气腔构型

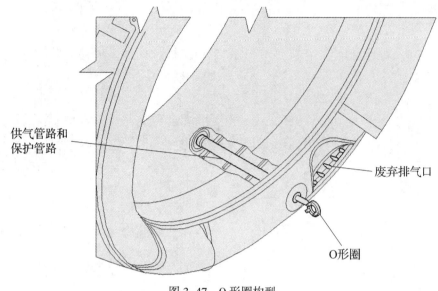

供气管路和
保护管路

废弃排气口

O形圈

图 3-47   O 形圈构型

（2）主要成品

关断阀门：依靠 3 级高压级压气机引气作为驱动动力。当电磁阀没有上电时，关断阀门打开，此时进气道防冰系统打开。当电磁阀上电后，3 级压气机的驱动压力导入，使阀门关闭，此时进气道防冰系统关闭。阀门从全开到全关的最长时间是 3s。

压力调节阀门：阀门下游调节后的压力范围是 44 ~ 572kPa。阀门上有高压开关和低压开关，高压开关连接至 EEC（发动机电控接口），低压开关连接至 AICU（防冰控制装置）。

当调节阀门下游压力低于 77 kPa 时，调节阀门上的低压开关会给 AICU 发出告警信号。当调节阀门下游压力高于 579 ~ 669 kPa 时，调节阀门上的低压开关会给 EEC 发送告警信号。

（3）系统操作与告警

当结冰探测系统给出相应告警信息后，机组人员可以操作顶控板上的"ENG"按钮人工打开或关闭防冰系统。当顶控板发动机防冰按钮按下后，关断阀门打开，热空气进入调节阀门。调节阀门是气动阀门，依靠自身机械结构将下游压力调节至系统正常工作所需范围。

当出现管道破损时，EEC 会接收到超温的信号，然后系统会自动关闭。当 EEC 检测到系统区域内温度高于设定值时，系统将被自动关闭。

在异常运行状况下，按钮故障指示灯将燃亮。

3.5.2.3   传感器防冰系统

空速管、静压探头、迎角（AOA）传感器以及总温（TAT）传感器电加热防冰。

该系统优先级较高，当第一个发动机起动时，传感器防冰系统自动起动。如果在地面出现了严重的结冰气象条件，可以按下"PROBE / WINDOW HEAT"来使用其他电源对传感器进行加热。

系统地面上采用低空加热方式，飞行中采用高空加热方式。AICU 根据空速判断地面 / 空中逻辑。

如果传感器防冰系统发生故障，电子中央监控系统（ECAM）会发出听觉和视觉告警。

3.5.2.4　风挡加温系统

（1）系统原理和组成

前风挡通过电加热进行防冰和除雾，也可以使用驾驶舱空气分配系统的空气进行除雾；通风窗和侧风挡只通过电加热进行除雾。

（2）主要成品

前风挡：在玻璃外表面布置一个电加热膜，地面防冰加热功率为 $35W/dm^2$，空中防冰加热功率为 $70W/dm^2$。电加热膜的供电是 200VAC/400Hz（取自三相供电 115VAC/400Hz 的相电压），功率是 3.78kW，电加热膜电阻是 12.5Ω（20℃时）。

通风窗和侧风挡：玻璃外表面各安装有三张加热膜，每张加热膜接入飞机供电 115VAC/400Hz 的其中一相，加热功率是 $20W/dm^2$。通风窗的加热功率是 884W，侧风挡的加热功率是 824W。通风窗 20℃时每张加热膜的电阻是 17Ω，三张共 51Ω。侧风挡 20℃时每张加热膜的电阻是 19.2Ω，三张共 57.6Ω。

（3）系统操作

风挡防冰和除雾系统按钮如图 3-48 所示。

风挡防冰和除雾系统由 AICU（Anti-Ice Control Unit）控制，共两个，各控制左右一侧系统。

当 4 台发动机中的第一台发动机起动时，系统自动起动，也可以按下"PROBE / WINDOW HEAT"来起动。一旦起动，则不能通过按下"PROBE / WINDOW HEAT"按钮来关闭系统。

（4）系统告警

当玻璃温度升高到 47℃时，AICU 控制该侧玻璃停止加热，同时在驾驶舱产生告警信号。当玻璃温度升高到 60℃时，AICU 控制该侧玻璃停止加热，但不产生告警信号。过热告警功能同时使用三个温度传感器的数据。

当供电电压测量值不在正常范围内、供电电流测量值不在正常范围内、供电电流和 AICU 发出的指令电流值不符合时，AICU 切断玻璃加热电流。

当失去供电、系统在没有加热指令时开始加热、加热电流过大或者过小、同一玻璃的三个温度传感器都损坏、AICU 内部故障时，驾驶舱产生告警信号。

3.5.2.5　风挡除雨系统

除雨剂系统如图 3-49 所示。

图 3-48　风挡防冰和除雾系统按钮

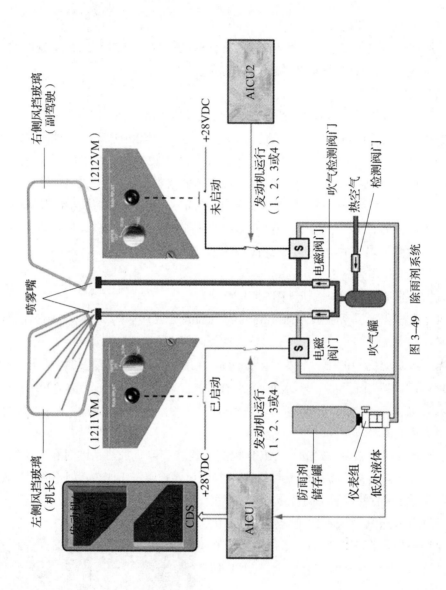

图 3-49　除雨剂系统

（1）系统原理和组成

雨刷分为左侧和右侧两个分系统，分别由机长和副驾驶通过位于驾驶舱顶控板上的三位旋钮操作。

除雨剂系统在遭遇大雨时为飞机机组提高更高的可见度。通过在风挡玻璃上喷涂特殊液体，增加风挡玻璃上的水表面张力，使水保持水滴状，便于风挡刷除水。该液体不含氯氟碳化合物（臭氧破坏物），并符合蒙特利尔协定。

（2）主要成品

三位电机：雨刷的驱动电机是使用 115VAC 三相供电的无刷电机。电机内部安装有超温开关，超温时电机自动停止运行。雨刷器和风挡玻璃之间的压力是 20 ~ 55N。

防雨剂系统由以下部件组成：加压的除雨剂储存罐组（用于储存除雨剂）、仪表组（用于指示压力）、电磁阀门、两个喷雾嘴和一个吹气罐。吹气罐将热空气送至喷雾嘴。

（3）系统操作

雨刷器由机组通过驾驶舱顶控板上的三位旋钮手动打开和关闭。

当除雨剂按钮按下时，电磁阀门打开少许时间，一定量的防雨剂会喷涂至相应的风挡玻璃之上。当电机过热或者有内部故障时，系统停止电机的运行，并给 AICU 发出一个信号。

3.5.2.6　水 / 废水防冰系统

水 / 废水防冰系统如图 3-50 所示。

（1）系统原理和组成

系统分为饮用水 / 废水管路防冰和饮用水服务面板防冰。

饮用水 / 废水管路防冰：飞机上产生的液体污物在飞行时直接通过机身下部的排水桅杆排出机外，固体污物储存在污物罐中。在地板下位于结冰区域的饮用水管、废水管和排水桅杆上安装电加热元件。固体废物通过真空管进入污物罐，为防止堵塞，在真空管上安装有电加热元件，电加热元件的供电是 115VAC。

饮用水服务面板防冰：①饮用水服务面板：饮用水服务面板上的充水、排水嘴和溢流嘴结冰会导致面板损坏，因此充水、排水嘴和溢流嘴上安装有电加热元件。接嘴处安装的温度传感器持续测量温度，当温度不在 –77 ~ 110℃范围内时，系统判定温度传感器发生故障，此时对应的加热元件置于 "SENSOR FAILURE MODE"。为防止加热过度，接嘴的加热功率仅为最大功率的 50%，排水桅杆的加热功率为最大功率的 35%。饮用水服务面板如图 3-51 所示。

②排水、污物服务面板：冲洗接嘴结冰会导致面板损坏，因此在接嘴上安装有电加热元件。

污物服务面板如图 3-52 所示，污物服务面板接嘴如图 3-53 所示。

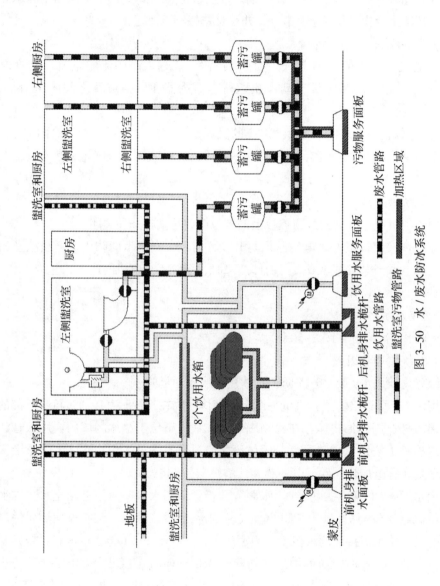

图 3-50　水 / 废水防冰系统

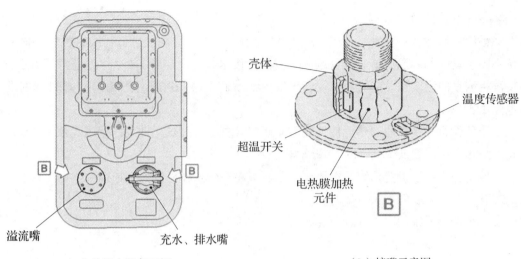

（a）饮用水服务面板　　　　　　　　　（b）接嘴示意图

图 3-51　饮用水服务面板

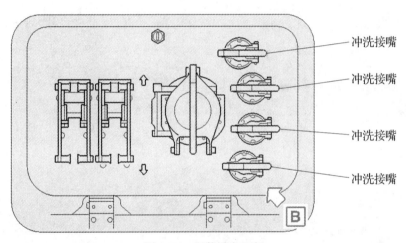

图 3-52　污物服务面板

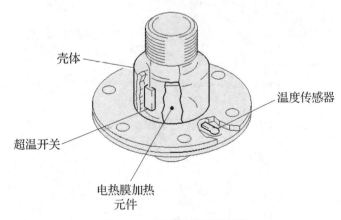

图 3-53　污物服务面板接嘴

（2）系统控制

系统由防冰控制单元（IPCUs）控制和监测，系统每 5mim 进行一次自检测。该系统不能手动控制。温度传感器持续测量管路（废水管、真空管、排水管）温度，IPCUs 持续将测量的温度和设定值做比较。当出现结冰条件时，IPCUs 打开供电，电加热的供电是 115VAC。

服务面板上接嘴的加热元件处安装有超温开关，在加热元件表面温度高于 113℃时切断加热，在温度低于 93℃时重新开始加热。

航空公司可以设置系统只在地面工作、只在空中工作、同时在地面和空中工作。

3.5.2.7 结冰探测系统

结冰探测系统如图 3-54 所示。

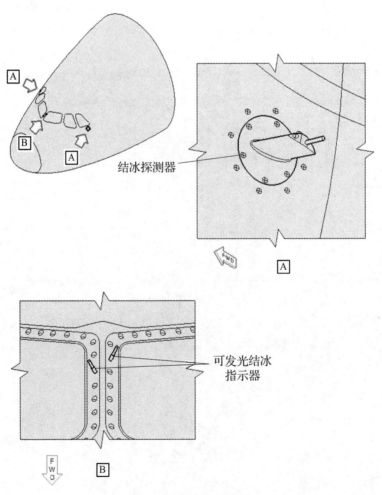

图 3-54 结冰探测系统

（1）系统原理和组成

结冰探测系统由两个结冰探测器和两个结冰指示器组成。两个结冰探测器对称地安装在机身机头部分的上部，然后固定舷窗的下侧。两个风挡玻璃之间安装有两个外部目视结冰指示器，机组可通过目视结冰指示器上的积冰推断出冰情的出现。

（2）主要成品

防冰控制装置（AICU）：其功能是探测结冰的等级，给机组发送相应告警信息。

结冰探测器：探测器的基准振动频率是 40kHz，当结冰时，频率会减小。探测器的基准振动频率每下降 133Hz，相当于产生（0.508 ± 0.127）mm 的冰层厚度。

（3）系统操作

结冰探测系统发出告警后，根据机组的预先设定，相关系统自动打开或者由机组手动打开。自动模式下，结冰探测器提供冰情信息，引发防冰控制装置打开发动机进气道及机翼防冰系统。

当飞机遇到结冰气象条件时，AICU 从结冰探测器接收冰情信息并产生告警信号。AICU 能产生两种信号，分别是"ICE"和"SEVERE"。AICU 有两台，其中一台作为冗余设备，提高了系统安全裕度。

ICE 信号：对应一个基本结冰元素，一个基本结冰元素（Elementary）意味着结 0.5mm 厚的冰。该信号持续 60s。

SEVERITY 信号：对应 7 个基本结冰元素，意味着遇到了严重的结冰气象条件。当机翼防冰系统打开后，该信号不再出现。

告警后结冰探测器起动内部加热，探测器表面结冰被清除，以便探测器进行下一次探测。

"ICE"和"SEVERE"信号进入控制系统后，系统综合判断后在驾驶舱显示出"A.ICE ICE DETECTED"信号或"A.ICE SEVERE ICE DETECTED"信号。当系统出现故障时，结冰探测器给出"ICE SEVERITY FAULT"信号，系统根据此信号在驾驶舱生成具体故障信息。

（4）系统告警

①当发现结冰条件，发动机防冰没有打开时：

驾驶舱出现告警信息"A.ICE ICE DETECTED"、主告警灯亮起、单谐音声音告警响起。机组应该打开 4 个发动机防冰。当打开后，上述告警消失。

②当发现严重结冰条件，机翼防冰没有打开时：

驾驶舱出现告警信息"A.ICE SEVERE ICE DETECTED"、主告警灯亮起、单谐音声音告警响起。机组应该打开机翼防冰。当打开后，上述告警消失。

③当 190s 没有探测到结冰，防冰系统仍然打开时：

出现"ICE NOT DET"语句，提示机组关闭防除冰系统，以节约燃油。

　　机翼结冰比发动机进气道结冰的触发条件恶劣。结冰指示器上有冰出现，意味着气象条件已经恶劣到需要打开机翼防冰。

3.5.3　性能参数

- 机翼防冰系统的工作温度是 200℃。
- 发动机进气道防冰系统工作时气流压力是 448 ~ 1572kPa。
- 风挡防冰和除雾系统玻璃温度控制目标是 35 ~ 42° C。
- 风挡除雨系统雨刷慢挡为 83 个循环 /min，快挡为 125 个循环 /min。

3.5.4　系统特点

3.5.4.1　机翼防冰系统

- 系统运行时，仅有一个阀门处于运行状态，另一个阀门备用。两个阀门（WAIV）在不同次飞行中交替使用，提高了系统可靠性和放行可信度。

3.5.4.2　发动机进气道防冰系统

- 关断阀门和压力调节阀门之间的限流器降低空气流速，同时使阀门的调节更加平稳。
- 发动机进气道防冰系统的数据传输给 AICUs（防冰控制单元）和 FADEC（全权限数字发动机控制系统），供 FADEC 自动调整发动机 N1 转速以防止发动机推力受防冰系统引气量过大的影响。
- 自发动机起动至起飞后减推力的一段时间内，防冰系统处于自动模式下，全权限数字式发动机控制系统（FADEC）将禁止发动机防冰系统的运行。
- 调节阀门和关断阀门均可以手动锁定在开位或关位，以满足飞机带故障执行任务的能力。

3.5.4.3　风挡防冰和除雾系统

- 每块玻璃内嵌有三个热电阻温度传感器。正常工作时只使用其中的一个，如果这个传感器发生故障，则使用第二个。如果第二个也发生故障，则使用第三个，并同时给 CMS（中央维护系统）发出告警信号。
- 相比空中客车其他型号的飞机，A380 型飞机前风挡也可以使用驾驶舱空气分配系统的空气进行除雾，这种设计提高了风挡除雾系统的安全裕度。

3.5.4.4　结冰探测系统

- 相比空中客车其他型号的飞机，A380 安装有两个能发光的结冰指示器，分别朝向机长和副驾驶，这种设计方便机组观察，并减小了机组工作负担。

3.5.5　相关事故

A380 型飞机没有结冰导致的事故。

3.6　A350XWB

3.6.1　飞机概况

　　空中客车 A350XWB，是欧洲飞机制造商空中客车所研发的长程双发动机宽体客机系列，XWB 是超宽体（eXtra Wide Body）的意思。A350 是最先在机身与机翼同时使用碳纤维强化聚合物的民航飞机，也是目前全球越洋飞行许可级别最高，以及航程最远的一款民航飞机。在典型的三等级座舱配置里，它可搭载 280 ~ 366 位旅客。A350 定位为取代 A340 与部分机龄较高的 A330，主要竞争机型为波音公司的波音 777 及 787 客机。

　　相较于 A330，A350 配备全新机舱、机翼、机尾、起落架及各项新系统。一些原为 A380 上应用的技术均可在 A350 上找到，其中一项为大量使用复合材料。整架 A350 客机约有 60% 的部分使用先进材料建造，其中复合材料占 52%，铝 – 锂合金占 20%，钢铁占 7%，铝占 7%，钛占 14%，其余为其他种类物料。A350 也配备新的复合物料机翼及机身，主要使用铝 – 锂合金建造，使用大量复合材料及铝 – 锂合金能有效减轻达 8000kg 的机身重量。

3.6.2　系统说明

3.6.2.1　机翼防冰系统

　　机翼防冰系统如图 3–55 所示，缝翼内结构如图 3–56 所示。

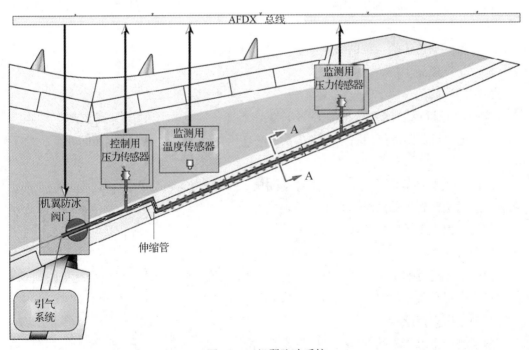

图 3–55　机翼防冰系统

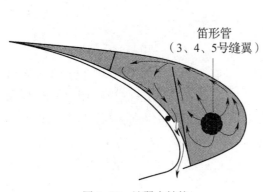

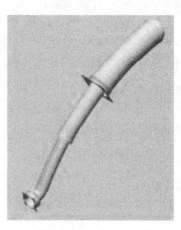

笛形管
（3、4、5号缝翼）

图 3-56　缝翼内结构　　　　　　　　　　　　图 3-57　伸缩管

（1）系统原理和组成

机翼防冰系统使用引自发动机压气机的热空气加热机翼的 3、4、5 号前缘缝翼。

系统分为左右对称的两套子系统，有两个控制通道、两个监测通道。侧有一个机翼防冰阀门、两个控制用压力传感器、两个监测用压力传感器、一个监测用温度传感器、一个伸缩管、三个笛形管。

控制功能使用两个控制用压力传感器测量阀门下游压力，控制单元通过接收测量到的压力值对机翼防冰阀门进行控制，将下游压力调节到系统所需的压力范围之内。

监测功能使用一个监测用温度传感器、两个监测用压力传感器对系统相关参数进行监测。温度传感器监测结构内部的区域温度，压力传感器探测系统泄漏、超压以及低压，并将数据传输给系统的监测单元。

（2）主要成品

机翼防冰阀门：

该阀门是机翼防冰系统的总开关，是一个具备关断功能的压力调节阀门，使用 28VDC 供电。机翼防冰阀门将来自气源系统的高压热空气调整到适合机翼防冰系统的压力。

阀门有关断功能和压力调节功能，其中电磁阀控制关断功能，力矩马达控制调节功能。阀门全开到全关的时间小于 5s。

阀门可以人工锁定在关位。

伸缩管：

伸缩管随着缝翼的运动可以伸长或缩短，由三层同心管组成，可以相互重叠运动。每层管路中间有碳密封层，可以防止气体泄漏。

监测用压力传感器：

用来测量笛形管末端的压力，以发现系统泄漏、超压或者低压。

笛形管：

笛形管位于系统的最末端，是实现系统防冰功能的成品。其表面设置有密集小孔，可以将热空气均匀地喷射到缝翼的蒙皮上，加热缝翼的易结冰区域。

（3）系统操作

机翼防冰系统有自动和人工两种模式。

使用自动模式，机组需按下顶控板的"AUTO MODE"按钮，此时冰情出现时系统自动打开机翼防冰系统，冰情消失时自动关闭系统。

人工模式下，冰探测系统给出结冰告警信号后，机组人员需手动按下顶控板上的"WING"按钮人工打开或关闭机翼防冰系统，其操作与其他空中客车飞机相同，且优先级高于自动控制，如图 3-58 所示。

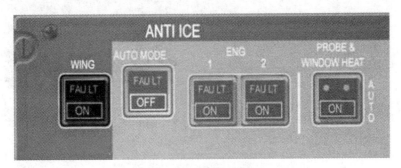

图 3-58　机翼防冰按钮

系统打开后，机组可以通过引气系统的显示界面（System Display）查看系统的详细数据。

（4）系统告警

在上游没有气源压力、发现系统泄漏或系统超温时机翼防冰阀门完全关闭。

如果系统有故障，飞行告警系统（FWS）给出机组相应告警信息，此时顶控板"WING"按钮上的 FAULT 灯亮起。

地勤人员在地面可以测试机翼防冰系统，为了防止烧毁飞机结构，60s 后系统自动关闭。

3.6.2.2　发动机进气道防冰系统

发动机进气道防冰如图 3-59 所示。

（1）系统原理和组成

进气道防冰系统使用来自发动机 3 级高压级压气机的热空气经过一个压力调节关断阀门，一个压力调节阀门后，到达喷射系统。喷射系统使热空气在唇口内做旋涡运动，加热蒙皮以起到防冰的作用，然后废气通过排气格栅排往机外。

（2）主要成品

压力调节关断阀门：

该阀门的正常工作模式下使用关断功能，阀门锁定在开位置。备份工作模式下使用调节功能。

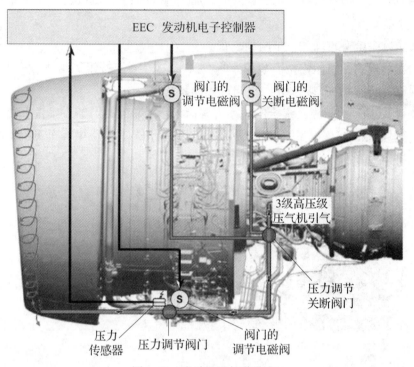

图 3-59 发动机进气道防冰

压力调节关断阀门的主要功能是在管道破裂时阀门关断以关闭系统，防止热空气泄漏损害飞行安全。其调节功能仅在压力调节阀门失效在关位时，作为备份调节系统工作压力。

该阀门可以手动锁定在开位和关位。

压力调节阀门：

压力调节阀门通过阀门碟板的运动来控制系统工作压力，此时压力调节关断阀门定在开位置。

该阀门可以手动锁定在开位和关位。

电磁阀：

压力调节关断阀门和压力调节阀门的阀门本体和阀门电磁阀是分开的，电磁阀安装在温度较低的区域，这种设计有利于提高电磁阀工作的稳定性。发动机电子控制器（EEC）给控制两个阀门的电磁阀发送模拟信号以及供电。

压力调节关断阀门有两个电磁阀，阀门的压力调节功能是纯机械式的。关断电磁阀使阀门全关，调节电磁阀在压力调节阀门工作时使压力调节关断阀门全开。

压力调节阀门有一个电磁阀，阀门的调节功能是纯机械式的。当压力调节关断阀门使用调节功能时，压力调节阀门的电磁阀用来使压力调节阀门全开。

系统管路：

管路有供气管路和保护管路。保护管路在供气管路外围，在供气管路破损时，保护系统防止漏气。

喷射系统：

喷射系统有三个喷嘴，这种设计可以使热空气在结构内做旋转运动，能更有效地加热唇口蒙皮。

（3）系统操作

系统工作可以使用自动和人工两种模式。

在自动模式下，机组需按下顶控板的"AUTO MODE"按钮，冰情出现时系统自动打开进气道防冰系统，冰情消失时自动关闭系统。

在人工模式下，在结冰探测系统给出进气道结冰告警信号后，机组应手动按下顶控板上的"ENG1/2"按钮，打开进气道防冰系统。

当结冰探测系统探测到结冰，且系统没有打开时，出现如下告警：Warning Display（WD）上出现"ICE DETECTED"；MASTER CAUT 按钮上的灯亮起；单谐音声音告警响起。这些告警都提示机组应打开进气道防冰系统。

机组打开系统后，"ICE DETECTED"告警消失，WD 上出现"ENG A-ICE"信息，顶控板"ENG"按钮上的"ON"亮起，ECAM 界面右侧的 NAI 显示为绿色。

当190s 没有探测到结冰气象条件，且系统仍然打开时，WD 上显示"ICE NOT DET"信息。此时机组需手动关闭系统。

（4）系统告警

系统的状态监控使用了一个压力传感器，并将数据传输给 EEC，如图 3-59 所示。

系统出现故障时，顶控板 ENG 按钮上的 FAULT 灯亮起，驾驶舱主告警灯亮起，并出现单谐音声音告警。

压力调节阀门故障在开位时，系统仍能继续工作，压力调节关断阀门负责调压功能。

压力调节关断阀门故障在开位时，系统仍能继续工作，只是失去关断功能。此时显示告警语句"A ICE ENG 1（2）FAILED OPEN"。

3.6.2.3　传感器防冰系统

（1）系统原理和组成

传感器防冰系统对多功能传感器、侧滑角传感器、迎角（AOA）传感器以及静压管进行电加热防冰。

（2）系统操作

当第一个发动机起动时，传感器防冰自动起动，也可以按下"PROBE & WINDOW HEAT"来手动起动该系统。

如果传感器防冰系统发生故障，电子中央监控系统（ECAM）会给出听觉和视觉告警。

3.6.2.4　风挡加温系统

风挡加温除雾系统如图 3-60 所示。

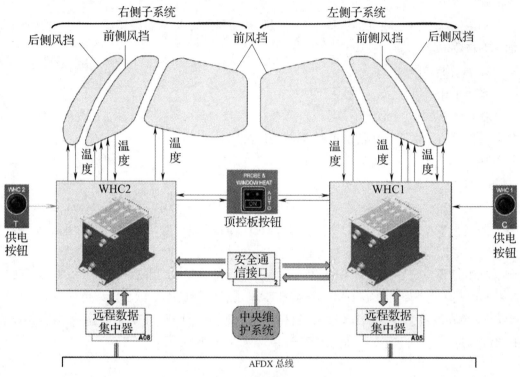

图 3-60　风挡加温除雾系统

（1）系统原理和组成

风挡加温系统分为左侧和右侧两个子系统，保证机组在结冰起雾气象条件下，可以拥有良好的视野。

前风挡进行防冰和除雾，前侧风挡和后侧风挡只除雾。玻璃表面温度调节的目标是 35～42℃。

每块玻璃都有一个电加热膜和三个温度传感器，系统正常工作时，WHC 只使用三个温度传感器中的一个。

温度传感器把玻璃的温度值传递给窗户加热计算机（WHC），它根据玻璃真实值与控制值之间的差别，控制加热膜的通电规律。

（2）主要成品

前风挡：

供电是 230VAC，加热功率是 70W/dm^2。电加热膜安装在靠近玻璃外表面处，通电时增加外层玻璃的温度以实现防冰防雾功能。

前侧风挡和后侧风挡：

供电是 115VAC，加热功率是 20W/dm^2。电加热膜安装在玻璃中间处，通电时增加中间层玻璃的温度以实现除雾功能。

风挡玻璃结构如图 3-61 所示。

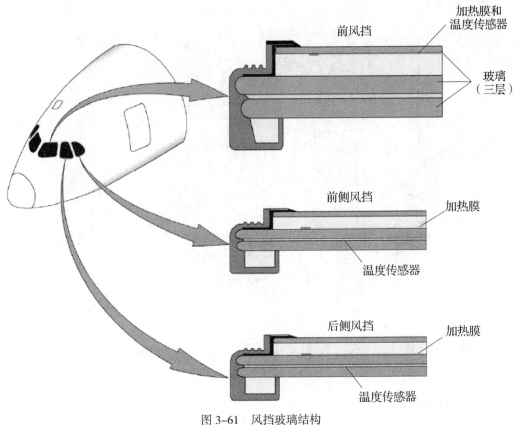

前风挡

加热膜和
温度传感器

玻璃
（三层）

前侧风挡

加热膜

温度传感器

后侧风挡

加热膜

温度传感器

图 3-61　风挡玻璃结构

窗户加热计算机（WHC）：

WHC 的功能：根据玻璃温度反馈控制加热膜的供电、温度过热时切断供电、监测风挡防冰和除雾系统、监测风挡防雨系统。

（3）系统操作

风挡防冰和除雾系统在飞机的第一个发动机起动时，系统自动起动，也可以通过按下"PROBE / WINDOW HEAT"打开该系统。

（4）系统告警

当玻璃温度高于 60℃（过热状态）时，WHC 停止故障玻璃的供电。在飞行或者地面，如果 WHC 在温度超过 42℃时依然供电，则 WHC 向 FWS 发出告警信息。

WHC 发生故障时，供给加热膜的电切断，FWS（飞行告警系统）发出告警信息。

当某一个电加热膜发生故障时，WHC 停止其供电。

如果某个温度传感器发生故障，WHC 使用其他温度传感器，并向 CMS 发出告警信息。如果三个温度传感器都发生故障，WHC 向 FWS 发出告警信息。

3.6.2.5 风挡除雨系统

风挡除雨如图 3–62 所示。

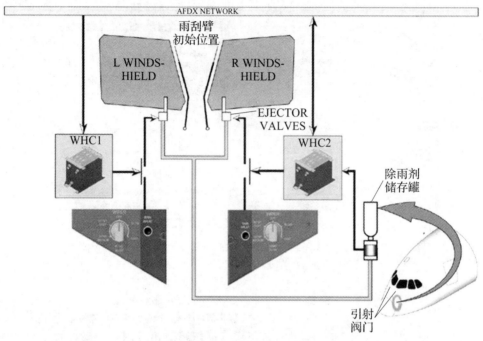

图 3–62 风挡除雨

（1）系统原理和组成

风挡防雨系统用来在下雨情况下保持飞行员的视野清晰。系统由雨刷和除雨剂系统组成。

雨刷仅对前风挡进行除雨，其可以在以下阶段正常工作：飞机滑行、起飞、进场、等待、着陆。

除雨剂系统主要在大雨情况下使用。顶控板按钮控制系统阀门的开关，阀门打开后系统将除雨剂喷洒到前风挡上。

发动机未起动时除雨剂系统不能运行。

（2）主要成品

雨刷激励器：

雨刷激励器控制雨刷运动，由马达和减速器组成，其供电是 115VAC。马达上安装有位置传感器，用来把位置数据发给雨刷控制单元，以控制激励器输出轴的间歇性旋转。

雨刷控制单元：

雨刷控制单元控制雨刷激励器。其功能是：接收顶控板开关的电信号输入、改变该电信号为激励器的指令信号、控制激励器轴的间歇性旋转。

（3）系统操作

雨刷器的打开通过位于驾驶舱顶控板上的"WIPER"旋钮控制。雨刷开关有 6 挡：关、慢、快、间歇慢速、间歇中速、间歇快速。

除雨剂系统的打开通过雨刷旋钮旁边的"RAIN RPLNT"按钮来控制。

3.6.2.6　水/废水防冰系统

水/废水防冰系统如图 3–63 所示。

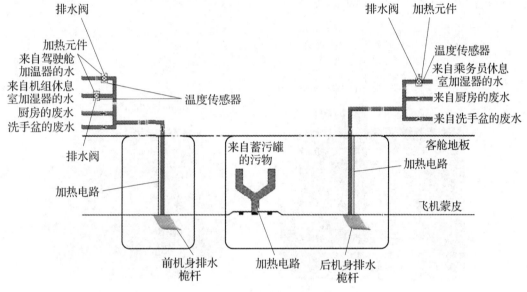

图 3–63　水/废水防冰系统

（1）系统原理和组成

系统分为水/废水防冰和服务面板防冰。

水、废水防冰：

水系统防冰由温度传感器、水管路加热元件、排水接嘴加热元件、水泵加热元件、旁通阀门加热元件、排水阀门加热元件组成。前机身在休息室加湿装置的排水阀门上安装了加热元件和温度传感器。

废水系统防冰由排水桅杆、废水加热元件、废水温度传感器组成。

服务面板防冰：

服务面板防冰分为水服务面板防冰和污物服务面板防冰。面板上的接嘴结冰会导致堵塞或损坏，因此需进行电加热防冰。

水服务面板对进水、排水、溢流三个接嘴进行电加热防冰。污物服务面板对两个冲洗接嘴进行电加热防冰。

（2）主要成品

排水桅杆：

排水桅杆将厨房和洗手盆产生的污水排出机外，内部安装有电加热元件，加热元件使用 115VAC 供电。内置的超温开关在过热时切断供电。排水口是排水桅杆温度最低的地方，其附近安装有温度传感器。

充 / 排水接嘴、溢流接嘴、冲洗接嘴：

充 / 排水接嘴、溢流接嘴、冲洗接嘴安装在服务面板上，用来充 / 排饮用水、排出溢出的水或者空气，冲洗接嘴用来冲洗两个蓄污罐中的污物。其包括一个电加热元件、一个温度传感器、一个超温开关。加热元件使用 115VAC 供电。喷嘴上的温度传感器把数据传输给 IPCU，以控制加热元件的开启。内置的超温开关在过热时切断供电，防止加热过度。

水 / 废水服务面板如图 3-64 所示。

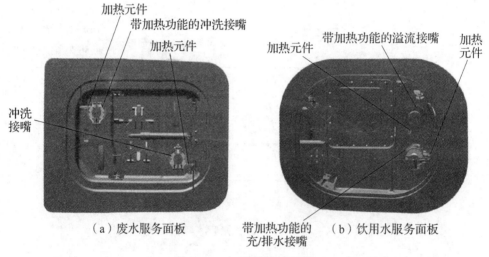

（a）废水服务面板   （b）饮用水服务面板

图 3-64　水 / 废水服务面板

（3）系统操作

该系统自动运行，人工不能控制。

温度传感器安装在水 / 废水管路温度最低的地方。温度传感器和加热元件安装在管路的两侧，以确保温度传感器测温时不受加热元件的影响。

在正常模式下，防冰保护控制单元（IPCU）接收温度传感器的数据，然后控制相关加热元件的供电。

如果 IPDU（Ice Protection Data Units）出现故障，IPCU 无法接受到有效的数据，此时 IPCU 进入降级工作模式。在降级工作模式下，IPCU 对所有加热元件进行间歇式供电，此时不使用温度传感器的数据，系统依然可以起到防冰的作用。

如果排水桅杆加热元件出现故障，ECAM 上显示告警信息。

3.6.2.7　结冰探测系统

结冰探测系统如图 3-65、图 3-66 所示。

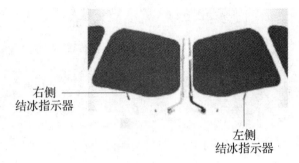

图 3-65　结冰指示器

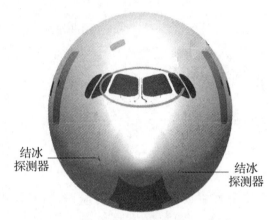

图 3-66　结冰探测器

（1）系统原理和组成

系统的功能是探测结冰气象条件，并向机组发送相应的告警信息。

系统由结冰探测器和结冰指示器组成，分别各有两个。

（2）主要成品

结冰探测器：

结冰探测器可以根据结冰气象条件的严重程度，给机组发出相应的告警信息。

它由两部分组成，位于蒙皮外的是传感器，包括敏感元件和支撑结构。位于机身里的是控制器，监测敏感元件的工作情况，并控制输入和输出的信号。

结冰探测器在所有飞行阶段都工作。

结冰指示器：

结冰指示器安装在可以被机组目视观察到的地方，如图 3-65 所示。它是黑色的，因此白天也可以清晰地观察到。

（3）系统告警

结冰指示器灯开关如图 3-67 所示。

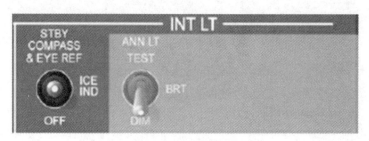

图 3-67　结冰指示器灯开关

结冰探测器在飞机上电后自动开启，探测器能发出两种告警信号："ICE""SEVERITY"。

当出现"ICE"信号时，机组必须手动起动进气道防冰。"ICE"信号意味着结 0.5mm 厚的冰，该信号持续 60s。探测器给出信号后起动自身加热除冰，以便于下一次探测。如果继续探测到了冰情，则继续给出 60s "ICE"信号。

当出现"SEVERITY"信号时，机组必须手动起动机翼防冰。机翼防冰起动后，"SEVERITY"信号消失，机翼防冰打开的情况下该告警不再出现。"SEVERITY"信号意味着结冰厚度是"ICE"信号的 7 倍。此时告警显示（WD）上显示告警信息，驾驶舱出现单谐音声音告警，主告警按钮亮起。

机组观察到结冰指示器上结冰后，应手动打开机翼和进气道防冰系统。夜间时，机组应通过顶控板上的"ICE IND"开关打开结冰指示器上的灯。

当系统有内部故障时，结冰探测器向飞行告警系统发出错误信息，此时系统不再给出结冰告警信息。

3.6.3　设计特点

3.6.3.1　机翼防冰系统

● 为了保证安全裕度，系统的控制功能、监测功能分别有两个通道。

● 在飞行过程中，只有一个控制和监测通道运行。此时，另一个通道处于热待命状态。下一次飞行时，两个通道对调，以便及时发现故障。如果正在用的通道有故障，则自动切换到热待命通道。

● 自动防冰系统（适用于机翼防冰系统和发动机进气道防冰系统）减少了燃油消耗量，提高了发动机排放气体的利用率，减少了机组人员的工作量。

3.6.3.2　发动机进气道防冰系统

● 压力调节关断阀门、压力调节阀门的阀门本体和电磁阀都是分体式设计，电磁阀安装在温度较低的区域，这种设计提高了阀门的可靠性。

● 正常情况下，压力调节关断阀门全开。当上游压力大于压力区间（482.6 ～ 551.6kPa）时，压力调节阀门开始调节其下游压力。这种设计相当于两个阀门功能互为备份，使系统正常工作的可靠性大大增加。

● 系统管路有两层，可以有效防止单层管路破裂引起的热空气泄漏，增强了系统的安全性。

3.6.3.3　风挡防冰和除雾系统

● 每块玻璃都有一个电加热膜和三个温度传感器。三个温度传感器互为备份，增大了系统的安全性。

● 前风挡的温度传感器位于三层玻璃中的外层，前侧风挡和后侧风挡的温度传感器位于三层玻璃中的内层。其温度控制的目标分别是外层和内层，对应着防冰除雾和除雾的不同需求。

3.6.3.4　风挡除雨系统

● A350XWB 型飞机雨刷的静止位置是在两块前风挡玻璃中间，这和空中客车其他型号的飞机均不同。

● 雨刷的旋钮有 6 挡，挡位数量远超其他空中客车飞机。这种设计丰富了机组的自由选择余地。

3.6.3.5　水 / 废水防冰系统

● 系统有降级工作模式。在降级工作模式下，不使用温度传感器的数据，系统也可以工作，这种设计提高了系统的可靠性。

● 系统对休息室加湿装置的排水阀门进行电加热防冰，其他空中客车飞机无此功能。

3.6.3.6　结冰探测系统

● 两个结冰指示器分别安装在左右两个前风挡的下部，便于机长和副驾驶方便地观察到。

3.6.4　相关事故

A350XWB 型飞机没有结冰导致的事故。

第4章 波音飞机防除冰系统

4.1 波音 737

4.1.1 飞机概述

波音 737 系列飞机是美国波音公司生产的一种中短程双发喷气式客机。波音 737 自投产以来 50 余年畅销不衰，被称为世界民用航空史上最成功的民航客机。波音 737 主要针对中短程航线的需要，具有可靠、简捷且极具运营和维护成本经济性的特点。根据项目启动时间和技术先进程度分为传统型 737 和新一代 737。传统型 737 包括 737-100/200/300/400/500，新一代 737 包括 737-600/700/800/900/max。

4.1.2 系统说明

4.1.2.1 机翼防冰系统

（1）工作原理与架构

机翼采用从气源系统引出的热空气对机翼三个缝翼前缘进行加热达到防冰的效果。当机翼防冰系统工作时，机翼热防冰关断阀门打开，从气源管路引出的热空气进入机翼前缘。高温引气流入三个前缘缝翼内的喷射管，空气喷入缝翼防冰腔，然后通过缝翼底部的小孔排到大气中。

每一个机翼前缘的过热开关保护缝翼以防过热，过热保护仅在地面时起作用。

当前推发动机推力杆时，控制台上的开关关闭机翼热防冰阀门以保持发动机起飞推力。这种保持推力的保护仅在地面工作。

（2）机翼防冰系统组成

机翼防冰系统主要机载设备的组成如图 4-1 所示。

机翼热防冰关断阀门：控制气流从气源总管流进防冰供气管道，位于发动机外侧的机翼前缘，左右各一个。该阀门是马达驱动的蝶形阀门，使用 115V 交流电源，阀门有一个人工超控和位置指示杆。

机翼热防冰地面过热开关：保护机翼前缘以免过热损坏，这种保护仅工作于机翼防冰系统在地面打开时。机翼热防冰供气管道、机翼热防冰关断阀门下游有两个机翼热防冰地面过热开关。开关是双金属结构，当温度在 125℃时，热膨胀关闭开关。当开关关闭时，发动机和机翼防冰控制面板收到地面关闭信号。

机翼热防冰供气管道：提供热空气到机翼前缘里的喷射管。共有 6 个机翼热防冰嵌入管道，它们在机翼前缘，位于机翼热防冰供气管道和每个机翼的三个内侧缝翼之间。嵌入管道有内外两部分。在缝翼伸缩运动过程中，内外部分彼此滑动。内侧导管设置有特氟龙涂层，以防两部分彼此滑动时的卡阻。

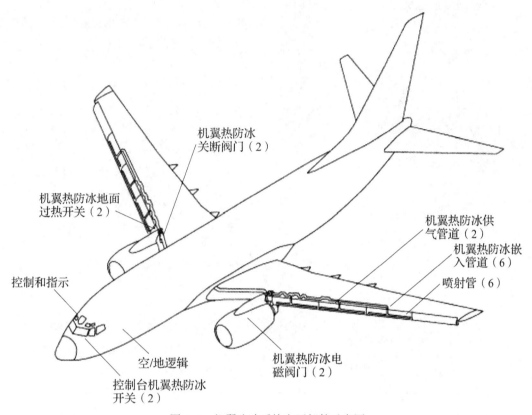

图 4-1　机翼防冰系统主要部件示意图

防冰嵌入管道：让热空气从机翼热防冰供气管道流入缝翼喷射管。喷射管上有笛形孔，让引气进入缝翼防冰腔。空气在防冰腔中循环流动并加热缝翼，防止缝翼结冰。空气然后通过底部的小孔流出机外。机翼热防冰嵌入管道结构示意图如图 4-2 所示。

机翼热防冰电磁阀门：从预冷器控制阀门中引出作动筒气压。当机翼防冰系统在地面工作时机翼热防冰电磁阀门工作。每一个发动机顶部各有一个机翼热防冰电磁阀门，通过打开反推整流罩接近。正常时，机翼热防冰电磁阀门是一个关闭的球形阀门，由 28V 直流电能使阀门打开。地面使用机翼热防冰时，发动机和机翼热防冰控制板提供电能给机翼热防冰电磁阀门，释放预冷器控制阀门作动筒压力，使预冷器控制阀门全开。预冷器控制阀门打开，使发动机引气被冷却，保护机翼前缘以免过热损坏。

（3）控制与显示

机翼防冰开关在接通位时，机翼热防冰关断阀门打开。蓝色阀门打开灯监视阀门和开关位置。指示灯的显示情况如下：

①灯灭——开关在关位或阀门关闭；

②灯暗亮——开关在接通位并且阀门打开；

③灯明亮——开关和阀门位置不一致或者阀门处于转换过程中。

机翼防冰系统控制面板如图 4-3 所示。

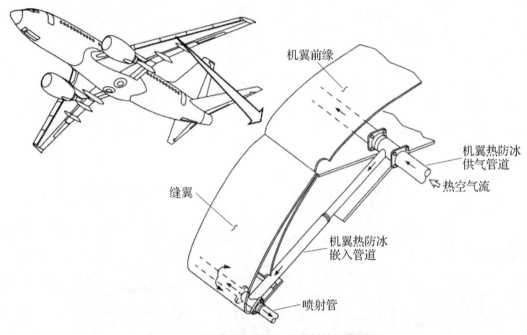

图 4-2　机翼热防冰嵌入管道结构示意图

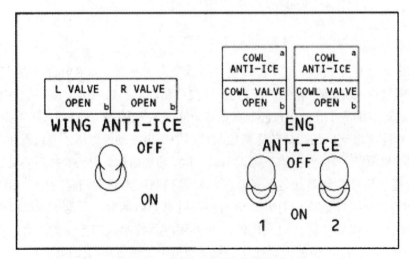

图 4-3　机翼防冰系统控制面板

4.1.2.2　发动机进气道防冰系统

（1）工作原理与架构

每台发动机有一个进气道防冰系统，用于防止发动机进气整流罩结冰。发动机进气道防冰系统原理见图 4-4。

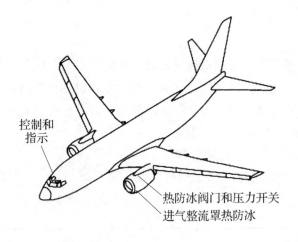

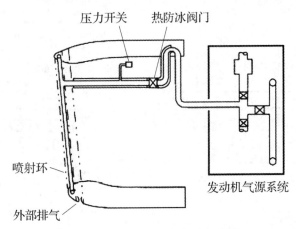

图 4-4　发动机进气道防冰系统原理

　　系统可以在空中和地面工作，前顶控板上的开关控制每一个发动机进气道防冰系统的工作。按钮在开位时，进气整流罩热防冰阀门打开，从发动机引气总管来的热空气流经阀门进入进气整流罩。热空气对进气整流罩进行加热防冰，然后经过整流罩底部的排气口流到外界大气中。

　　热防冰引气来自发动机引气总管，进气整流罩热防冰压力开关监视进气整流罩防冰阀门管道下游的引气压力。

　　（2）发动机进气道防冰系统组成

　　进气整流罩热防冰阀门：是一个电控气动的蝶形阀门，有弹簧载荷使它到关闭位。当控制信号发送至阀门电磁阀时，电磁阀使上游管道的引气进入阀门调节器。调节器控制压力使其进入作动筒，作动筒克服弹簧压力打开阀门。调节器调整蝶形阀门限制下游压力最大值为 345kPa。进气整流罩热防冰阀门有一个人工超控轴环。如果阀门失效，能够人工将阀门锁到全开或全关位。

进气整流罩热防冰压力开关：监测进气整流罩热防冰阀门下游防冰管道内的引气压力。当引气压力大于 448kPa 时，压力开关关闭。

（3）控制与显示

每台发动机短舱都有一个发动机进气道防冰系统。发动机进气道防冰系统的控制和指示线路使用 28V 直流电。控制开关和指示灯在发动机和机翼防冰控制面板上，如图 4-5 所示。当开关在接通位时，整流罩防冰阀门打开。蓝色整流罩阀门打开灯显示阀门和开关的位置。指示灯的显示情况如下：

①灯灭——开关在关断位并且阀门关闭；

②灯暗亮——开关在接通位并且阀门打开；

③灯明亮——开关和阀门位置不一致或者阀门正处于转换过程中。

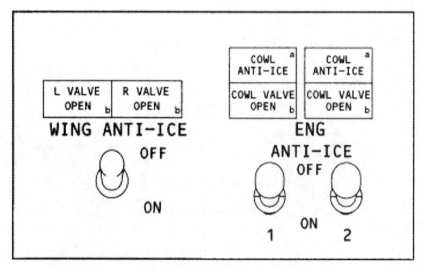

图 4-5　机翼和发动机进气道防冰系统控制面板

当阀门下游的管道压力太高，指示灯的显示情况如下：

①琥珀色整流罩防冰灯燃亮；

②防冰指示灯燃亮。

公用显示系统页面上会显示发动机进气道防冰系统的工作状态，如图 4-6 所示。系统工作时在每一个发动机 N1 转速的左边显示 "TAI" 提示字符。开关在开位、整流罩防冰阀门在开位时，TAI 字符为绿色。开关和整流罩热防冰阀门不一致超过 8s 时，TAI 字符为琥珀色。

4.1.2.3　传感器防冰系统

探测器系统包括迎角传感器、大气总温探测器、空速管传感器，在机上的安装位置如图 4-7 所示，位于顶控板上的窗户 / 动压加热组件控制各类探测器的加热防冰，如图 4-8 所示。

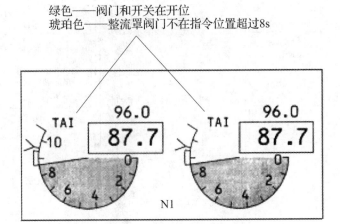

图 4-6 发动机进气道防冰系统在公用显示系统上的显示

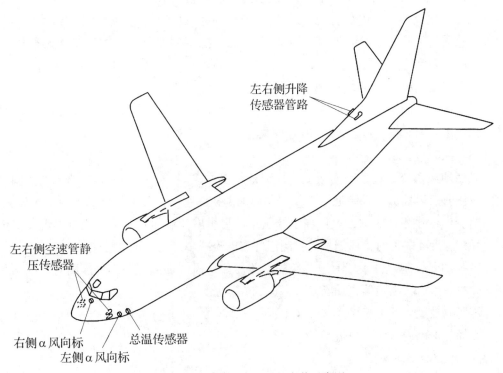

图 4-7 传感器在机上的安装示意图

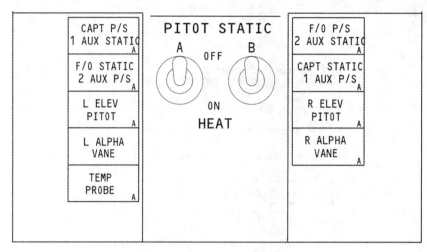

图 4-8　传感器加温控制面板示意图

4.1.2.4　风挡加温系统

（1）工作原理与架构

驾驶舱风挡玻璃采用电加热方式进行防冰防雾，同时可以提高风挡玻璃的抗冲击强度。风挡玻璃是多层结构，中间布置电加热膜，电源接线柱和汇流条线夹连接到系统电源。每块风挡玻璃内装有两个温度传感器，将温度值反馈到加温控制组件，两个温度传感器互为备份。加温控制组件仅使用一个温度传感器。如果主温度传感器失效，使用备用的温度传感器。

（2）风挡加温系统组成

风挡加温控制组件：分别使用 115V 交流、28V 直流电控制和指示前风挡和侧风挡玻璃的加热，同时具有过热保护和检测功能。

（3）控制与显示

风挡加温系统通过控制面板上的按钮进行操作，如图 4-9 所示。接通风挡加温系统的按钮时，风挡加温系统通电工作。风挡加温控制组件监测风挡玻璃内温度测量值。如果监测温度小于 37.0℃，风挡加温控制组件提供电流给风挡加温。当测量温度接近加热目标温度 43.0℃时，风挡加温控制组件将电流减小，防止温度过热。

风挡加温控制组件设置有过热保护线路。如果风挡加温控制组件探测到下列两种情况同时发生时，断路器自动断开：

①风挡玻璃内监测温度高于 62.0℃；

②加热电路内有加热电流。

4.1.2.5　风挡除雨系统

（1）工作原理与架构

风挡除雨系统用于除去左右两侧前风挡玻璃外表面的雨、薄冰和雪。

机组使用前顶控板上的刮水器控制旋钮控制系统的打开和关闭。系统包括两个风挡玻璃刮水器和驱动组件。两个风挡玻璃刮水器分别在前风挡玻璃外表面上。

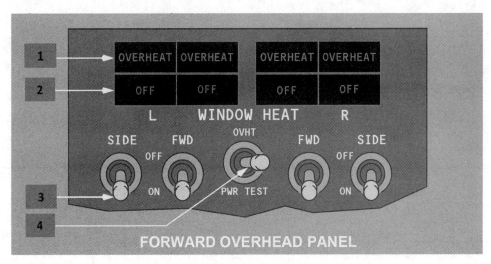

图 4-9　驾驶舱窗户加热控制面板示意图

（2）风挡除雨系统组成

风挡玻璃刮水器组件由刮水器臂和刮水器片组成，如图 4-10 所示。刮水器臂调整螺帽设置刮水器刷片施加给玻璃的预紧力。刮水器臂的附连安装调整刮水器臂到风挡玻璃刮水器驱动组件输出轴的转动时间，刮水器片附连螺帽设置刮水器片和刮水器臂的角度。

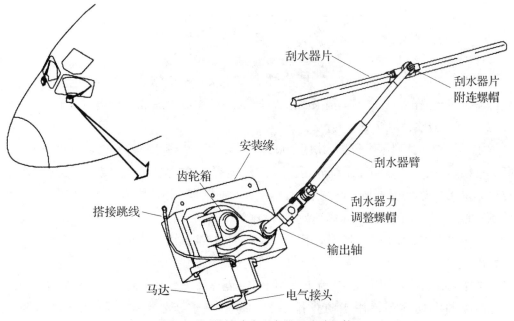

图 4-10　风挡玻璃刮水器和驱动组件

驱动组件用于带动风挡玻璃刮水器做往复运动。

风挡玻璃防雨涂层：用来改善大雨时除雨系统的除雨效果，位于左右两侧前风挡玻璃外表面。风挡玻璃防雨涂层是一层透明的疏水涂层，使水滴成珠并从风挡玻璃上滚落。涂层不影响风挡玻璃强度和可视性。

（3）控制与显示

风挡除雨系统由刮水器开关控制，该开关是一个四位（停、间歇、低、高）选择开关。选择开关是一个电压分配器，给电子控制电机电路提供不同的电压信号使刮水器以间歇、低、高速不同的频率工作。风挡除雨系统的功能原理如图4-11所示。

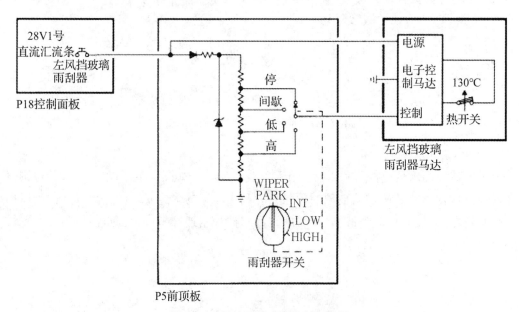

图4-11 风挡除雨系统控制电路图

如果电机的温度达到130℃，电机组件的热开关使电机停止工作。当电机冷却温度降低后，热开关自动复位。风挡雨刷的停止位在前风挡玻璃底部边缘处。

4.1.2.6 水/废水防冰系统

水/废水防冰系统用于防止饮用水设施和供给部件、废水排水部件、真空排污和勤务部件结冰。水/废水防冰系统分别采用带状加热器、加热毯等电加热方式进行加热防冰。如果飞机处于地面低温状态且没有电源进行加热防冰，地勤人员必须排出水/废水系统及管路内的储存水以防止结冰导致管路破裂。

饮用水防冰系统使用115V交流电，用于防止加注饮用水接头、饮用水管路等部位的结冰。

废水防冰系统使用115V交流电，用于防止污水排泄管和泄漏口等部位结冰。

真空排污防冰系统用于防止排污和勤务管塞子结冰。加热毯使用115V交流电对排污箱球形阀门进行加热，管状加热器使用28V直流电对排污箱清洗管进行加热。

4.1.2.7　结冰探测系统

　　结冰探测系统对于波音 737 经典型和 NG 系列来说属于选装系统，根据航空公司的要求进行选装。选装结冰探测系统的飞机在机身左下方有一个额外的探头用于积冰探测，如图 4-12 所示。

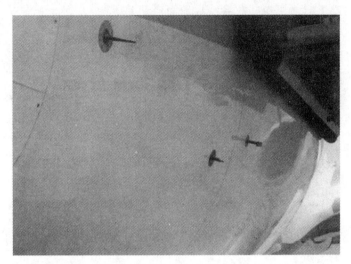

图 4-12　结冰探测器位于中间位置（波音 737NG）

　　选装结冰探测系统的飞机左前面板上有两个咨询灯。当结冰探测系统探测到结冰时，ICING 灯就会亮。当先前已经探测到结冰且当前结冰探测器没有探测到结冰时，ICING 灯就会熄灭，NO ICE 灯燃亮。在防冰面板上还有一个 ICE DETECTOR 灯，当结冰探测系统失效时就会燃亮。

4.1.3　系统性能指标

4.1.3.1　机翼防冰系统

　　机翼防冰地面过热监控温度：125℃；

　　起飞阶段关闭机翼防冰系统、保持爬升推力的临界点：推力杆角度 >60°。

4.1.3.2　发动机进气道防冰系统

　　防冰引气压力调节值：345kPa；

　　引气超压告警值：448kPa。

4.1.3.3　风挡加温系统

　　加温控制温度范围：37 ~ 43℃；

　　超温告警温度：62℃。

4.1.3.4　风挡除雨系统

　　刮水器电机停止工作温度：130℃。

4.1.4　设计特点

4.1.4.1　机翼防冰系统

　　两个控制台机翼热防冰开关提供推力杆位置反馈信号到发动机和机翼防冰控制面

板。每一个自动油门开关组件上都有一个控制台机翼热防冰开关，前推油门杆时，该开关关闭并给控制面板提供机翼热防冰关断阀门关闭的信号，这种保护用来保持发动机在地面起飞阶段的推力。

每一个机翼前缘地面过热开关保护机翼防冰系统在地面打开时缝翼结构不会过热。引气温度超过125℃时，机翼防冰系统在地面自动关闭。

4.1.4.2　发动机进气道防冰系统

控制系统打开或关闭的进气整流罩热防冰阀门具有超控锁定功能，如果阀门失效，人工能够将阀门锁到全开或全关位。

系统设置有超压监控功能，当超压告警灯燃亮后，应减小对应侧发动机的推力直至告警灯熄灭。

4.1.4.3　风挡加温系统

每一块风挡玻璃内布置有两个温度传感器，具有备份功能。

每一个风挡加热控制组件控制一块风挡玻璃的加热，通过按钮可以进行单独控制。

设置有加温过热告警功能，防止风挡加温系统加温失控导致损坏玻璃。

4.1.4.4　风挡除雨系统

前风挡玻璃外表面设置有疏水涂层，可以有效改善大雨时飞行员的能见度。

风挡雨刷电机设置有高温（130℃）自动停止工作功能，保护雨刷电机由于连续工作高温损坏。

风挡除雨系统设置有"停、间歇、低、高"四位旋钮，飞行员可以根据降雨量的大小自主选择雨刷刮刷频率。

4.1.4.5　结冰探测系统

该型飞机的结冰探测系统为选装系统，未选装结冰探测系统的飞机机组需要目视发现结冰并采取必要的处置措施。飞行员可以通过辅助观察风挡雨刷刷片、刷臂上的螺帽和前风挡外表面的结冰情况判断是否需要开启防除冰系统。

4.1.5　相关事故

1982年1月13日，美国佛罗里达航空公司的一架波音737-222飞机在华盛顿机场起飞后不久，由于空速管结冰给出错误的指示信息，导致飞机失速坠毁。

4.2　波音747

4.2.1　飞机概述

波音747飞机是由美国波音公司研发的世界上第一款大型宽机身远程旅客机，除客运型外还有货运型和客货混合型。飞机的机翼采用悬臂式下单翼，全动水平尾翼。动力装置使用4台翼吊式涡轮风扇发动机，由发动机带动4台交流发电机为飞机供电，并具有4套独立的液压系统。波音747机身是普通半硬壳式结构，采用两层客舱的布局方案，驾驶舱置于机身上层前方，之后是较短的上层客舱。驾驶舱带有两个观察员座椅。公务舱在上层客舱，头等舱在主客舱前部，中部可设公务舱，经济舱在后部，客舱地板下为货舱。波音 747 飞机最大载客量为 416 人，最大起飞重量可达 397t，满载航程 13450km。波音 747 飞机在全球总共交付了 1400 余架，是最成功的远程宽体客机。

4.2.2　系统说明

4.2.2.1　机翼防冰系统

（1）工作原理与架构

机翼防冰系统采用从气源管路引出的热气对前缘缝翼加热，防止机翼前缘结冰。机翼防冰系统包括分配管路、左右控制阀门和防除冰控制面板上的机翼防冰开关，如图 4-13 所示。

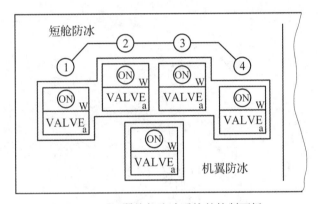

图 4-13　机翼热气防冰系统的控制面板

（2）机翼防冰系统组成

机翼防冰系统主要由防冰管路、机翼防冰控制开关、控制阀门和继电器组成。

从气源系统引出的热空气通过前缘缝翼内的控制阀门输送到机翼前缘。控制阀门与连接两个弯头的 Y 形接头连接，两个弯头将空气输送到前缘后的主防冰管路。引气管路通过隔热卡箍固定在机翼前缘内，卡箍上的减震垫允许导管在加热时膨胀，如图 4-14 所示。防冰热空气沿着导管上的喷射孔输送到前缘缝翼表面，空气沿着前缘缝翼蒙皮流动，最后通过前缘底部的排气狭槽排出。

机翼防冰系统的打开和关闭由机翼内部内径为 88.9mm 的蝶形阀控制阀门控制。该控制阀门配有一个外部的位置指示器用于指示阀门的位置，并且有一个手柄允许手动锁定阀门的位置。

机翼防冰控制阀门打开或关闭的时间不大于 3s。控制阀门的压力调节值为 310kPa，引气温度为 177℃，并能够在外部环境温度为 −54 ~ 149℃、导管引气温度为 −54 ~ 254℃的条件下工作。控制阀门能在 13716m 的高度内正常工作。

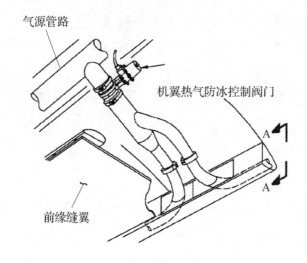

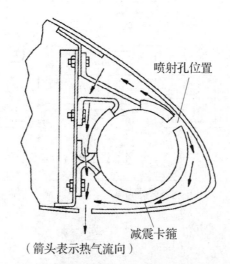

（箭头表示热气流向）

图 4-14　机翼防冰系统主要部件示意图

（3）控制与显示

机翼防冰系统的打开和关闭通过按压防除冰控制面板上的机翼防冰开关进行操作。机翼防冰开关按下时，ON 指示灯燃亮。控制阀门打开后琥珀色的 VALVE 指示灯燃亮，阀门关闭时 VALVE 指示灯灭。当机翼防冰开关关闭时，ON 指示灯会熄灭。控制阀门关闭过程中 VALVE 指示灯亮，当控制阀门关闭后指示灯熄灭。控制阀门打开时，绿色提示字符"WAI"在 EICAS 显示面板上的 N1 附近出现。

如果控制阀门的位置与控制开关的位置不一致，琥珀色 VALVE 指示灯就会燃亮，且 EICAS 上出现"WAI VALVE LEFT"与"WAI VALVE RIGHT"的告警信息。

4.2.2.2　发动机进气道防冰系统介绍

（1）工作原理与架构

发动机进气道防冰系统用于防止 4 台发动机进气道前缘结冰。由飞机气源系统提供的热空气通过导管进入发动机进气道前缘的 D 形环状结构，高压引气从笛形管的笛形孔中喷射到短舱前缘的蒙皮内表面上，最终从发动机进气道后部的排气口排出。发动机进气道防冰系统的打开和关闭由防冰控制阀门控制，发动机进气道防冰系统控制面板和具体组成分别如图 4–15、图 4–16 所示。

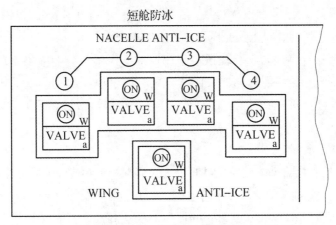

图 4–15　发动机进气道防冰系统控制面板示意图

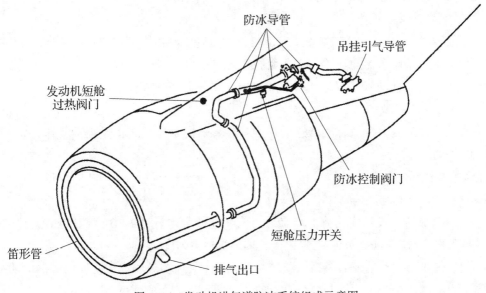

图 4–16　发动机进气道防冰系统组成示意图

（2）发动机进气道防冰系统组成

发动机进气道防冰阀门：用于调节进入防冰导管的引气流量和压力值。该防冰阀门是直径为 88.9mm 的蝶形阀，工作时调节的引气表压值在 138 ～ 193kPa。如果防冰阀门进口引气表压下降到 90 ～ 138kPa，防冰阀门完全打开；如果防冰阀门的进口引气表压下降至 90kPa，防冰阀门自动关闭。

防冰阀门有一个手动超控手柄和一个六角形螺栓。防冰阀门能够手动控制打开或关闭，并锁定在任意的位置上。超控手柄有一个位置指示器，能够指示防冰阀门在正常打开或者关闭的位置。

头部整流罩压力开关安装在防冰控制阀门下游防冰导管的凸台上。引气表压值在207～269kPa或者更大时，整流罩压力开关关闭。在引气表压值低于207kPa时打开。当整流罩压力开关关闭时，EICAS状态信息将显示ANTI ICE NAC1/2/3/4，说明防冰阀门已经无法调节引气出口的压力，压力值在269kPa以上。

发动机整流罩过热开关安装在风扇整流罩的支撑梁上。如果整流罩内侧的环境温度超过（121±3）℃，开关继电器关闭，风扇过温继电器起动，发动机进气道防冰系统关闭，直到环境温度下降到121℃以下。当发动机整流罩过热开关关闭时，EICAS上将会出现NAI VALVE1/2/3/4的告警信息。

（3）控制与显示

按下防冰/除雨控制面板上的ANTI ICE NAC1，2，3或4，每个控制开关上的ON指示灯燃亮，琥珀色的VALVE灯在防冰阀门打开过程中燃亮大约2s。

按出ANTI ICE NAC1，2，3或4的控制开关，每个开关的ON指示灯熄灭，琥珀色VALVE灯在防冰阀门关闭过程中燃亮约2s。

发动机进气道防冰系统控制原理图如图4-17所示。

4.2.2.3　传感器防冰系统

当任意一台发动机的转速超过50%时，动压管探测器头部加热器在"弱"加热模式下起动，迎角传感器加热器与动压管探测器加热器起动。在起飞阶段，大气总温传感器加热器起动且动压管探测器头部加热器在"强"加热模式下起动。所有的探测器加热器都是自动调节的。

动压管探测器、大气总温传感器与迎角传感器的防冰系统都是自动工作的，不需要机组手动操作。

4.2.2.4　风挡加温系统

（1）工作原理与架构

采用电加热方式对驾驶舱1号前风挡玻璃进行防冰，对2、3号侧风挡进行防雾，对风挡玻璃进行电加热也能够增强风挡玻璃的抗冲击强度。

通过位于驾驶舱单独的风挡加温控制单元向1号风挡玻璃提供防冰所需的电功率。当飞机上电时，2号和3号风挡玻璃的加热自动开启。

左侧1号风挡加热器，电源由115V交流4号汇流条提供，右侧1号风挡加热器，电源由115V交流2号汇流条提供。左风挡加热控制单元的BITE电源由28V直流3号汇流条提供，右风挡加热控制单元的BITE电源由28V直流1号汇流条提供。2号左侧窗与3号右侧风挡加热元件的电源由115V交流2号汇流条提供。2号右侧窗与3号左侧风挡加热元件的电源由115V交流3号汇流条提供。

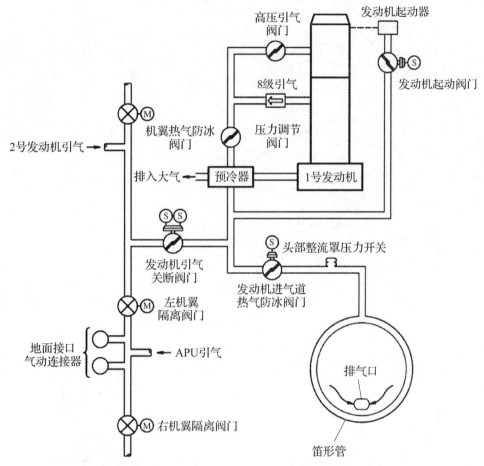

图 4-17　发动机进气道防冰系统控制原理图

（2）风挡加温系统组成

每个加热控制单元通过 200V 输入电压的相位角开关控制提供给风挡的加热功率。风挡内嵌的热电偶向控制单元提供温度信息，加热控制单元向玻璃提供适当的热功率保证玻璃的温度处于要求的范围内。

风挡加温系统开启后，加热控制单元在 6min 内逐渐增加加热功率，直到玻璃温度达到预定值或者系统加热达到全功率状态后停止加热。

每个风挡加热控制单元持续监控系统的工作状态。控制单元监控电源故障、加热元件、传感器的开路或者短路、控制单元与 EIU 之间的 ARINC429 数据总线的故障。任何故障都将导致风挡加温系统停止工作，此时风挡加温开关上的 INOP 指示灯就会燃亮。

1 号风挡位于驾驶舱的正前方，每个风挡的加热元件由夹在无机玻璃外层与有机玻璃内层之间的加热膜供电。每块玻璃都内嵌两个热电偶作为温度测量元件，其中一个热电偶备用，如果初始热电偶故障，备用热电偶起动。如图 4-18 所示。

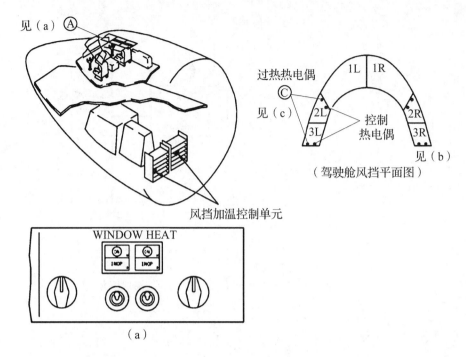

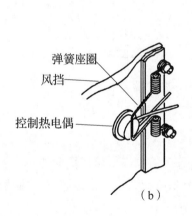

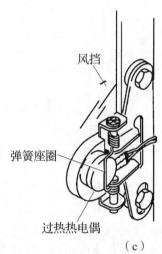

注：左侧风挡热电偶与右侧相同。

图 4-18　风挡加温系统原理图

2号与3号玻璃位于驾驶舱的侧面，玻璃内嵌的加热元件为加热膜。每块玻璃的热电偶安装在玻璃的内表面上，并被弹簧固定在特定位置。每块玻璃的过热热电偶通过弹簧固定在玻璃的内层表面。

（3）控制与显示

按下防除冰控制面板上的"WINDOW HEAT L/R"按钮，当 ON 指示灯燃亮时，起动1号风挡的加温功能。按出按钮，关闭1号风挡加温系统，此时 ON 指示灯熄灭。为了防止加热对冷透玻璃的机械冲击，玻璃加热控制单元逐渐增强加热功率，直至达到全功率或者达到设定的温度值。在预加温阶段后，控制单元按照线性加热模式操作。在这种模式下，控制单元根据玻璃测量温度与设定值之间的温度差异调节加温功率。控制单元持续监控加温温度值，以确定风挡加热元件的加热功率。

2、3 号风挡加温自动开启，没有控制按钮。2 号和 3 号风挡玻璃的温度由内嵌在玻璃内的热电偶控制。每个加热器通过周期性的开关来控制玻璃的温度。加热器在 35 ～ 38℃时断开，在 30 ～ 33.5℃时接通。

4.2.2.5 风挡除雨系统

（1）工作原理与架构

两个风挡雨刷保证飞行员前风挡在雨天或者雪天起飞、进场与着陆过程中有清晰的视野区。风挡雨刷和除雨剂结合使用，能够保证在大雨中前风挡具有清晰的视野区。

（2）风挡除雨系统组成

每个风挡雨刷系统由驱动电机、雨刷刷臂、雨刷刷片和控制开关组成。电机由 28V 直流电驱动。风挡除雨系统组成及原理图如图 4–19 所示。

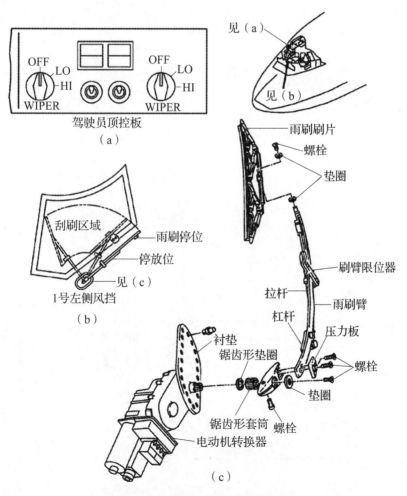

图 4–19 风挡除雨系统组成及原理图

（3）控制与显示

每个雨刷由控制面板上独立的雨刷控制旋钮来控制，飞行员可以根据需要选择雨刷的刮刷速度。风挡雨刷"低速"挡的刮刷频率为（190±19）次/min，"高速"挡的刮刷频率为（250±25）次/min。刷臂在69°的刮刷范围内清洗前风挡。当控制旋钮置于"关闭"位，电机断电关闭，刷片到达停放位置。

4.2.2.6　风挡防雨剂系统

（1）工作原理与架构

风挡玻璃防雨涂层位于1号玻璃外表面，涂层与风挡雨刷同时使用能在大雨时提高飞行员风挡玻璃的能见度。该系统不需要飞行员进行操作，仅需要对风挡表面的涂层进行周期性的维护。

防雨剂系统包括盛放防雨剂流体的加压容器、可视容器、压力表、计时电磁阀门、喷嘴、导管与两个控制按钮，容器、压力表与储蓄容器安装在驾驶舱左侧储藏室。风挡防雨剂系统组成及控制面板示意图如图4-20所示。

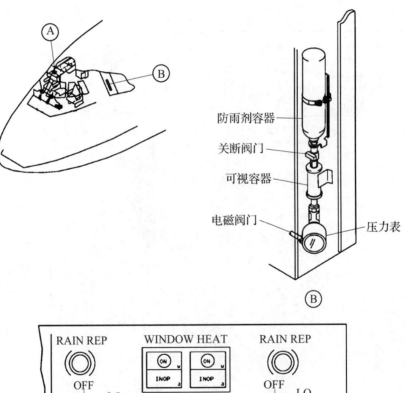

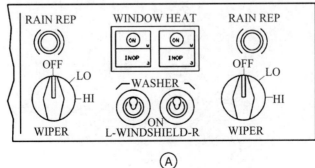

图4-20　风挡防雨剂系统组成及控制面板示意图

（2）风挡防雨剂系统组成

防雨剂装在增压型可拆卸的容器内，该容器空了就会被更换。每个容器都带有螺纹凸台的自密封阀门，可将容器与系统储存罐连接起来。容器具有 0.48kg 的容量，压力为 689kPa。

接触到防雨剂会导致皮肤或者眼睛过敏，应采取预防措施防止接触皮肤或眼睛，且应避免呼吸到防雨剂蒸气。

（3）控制与显示

当不使用防雨剂时，引气通过防雨剂喷嘴与防雨剂混合。当按下控制阀门时，防雨剂电磁阀门打开约 0.4s，使防雨剂在压力作用下从容器内通过管路流出喷嘴。流体压力能关闭单向阀门，切断引气。

当增压流体容器安装在储蓄器中，关断阀门在打开位置且 28V 直流电正常，风挡防雨剂系统可使用。需要手动按下防冰除雨面板上的左右"RAIN REP"开关。风挡防雨剂系统工作原理图如图 4-21 所示。

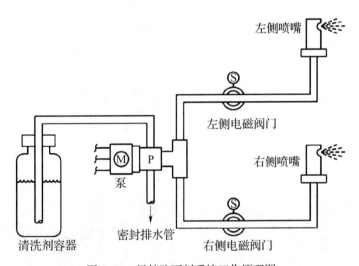

图 4-21　风挡防雨剂系统工作原理图

4.2.2.7　风挡清洗系统

（1）工作原理与架构

风挡清洗系统对前风挡外表面喷洒清洗液进行清洗。风挡清洗系统包括清洗液容器、液压泵、两个电磁阀门、两个喷嘴与在防除冰面板上的两个控制开关。使用风挡清洗系统清洗前风挡时必须使用风挡雨刷。

除喷嘴与控制开关外，风挡清洗系统的所有部件都安装在左侧 3 号风挡下面飞行员侧壁风挡清洗剂接近口盖里。打开口盖能看见盛放清洗剂的容器，口盖外侧有液位标志指示。当液面达到该液位指示位置时，说明还剩下 100cm³ 的液体。风挡清洗系统的控制面板与组成如图 4-22 所示。

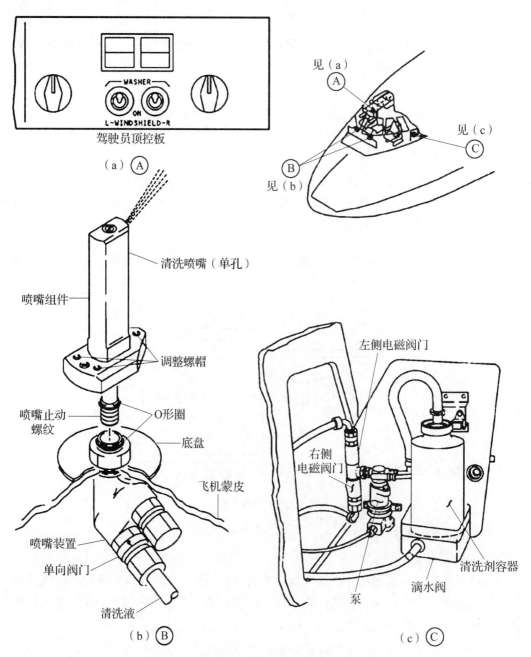

图 4-22　风挡清洗系统的控制面板与组成示意图

（2）风挡清洗系统组成

盛放清洗剂的容器是窄口塑料瓶，竖直安装，并通过螺栓安装在流体管路的外套上。容器的容量为 1.14L。

风挡清洗泵由电机驱动，转速为 7200rpm 时表压为 179kPa。当压力达到 413kPa 时，清洗泵上的释压阀门打开。

喷嘴安装在前风挡玻璃基座距离风挡雨刷轴线约 36cm 的位置处。每个喷嘴有 4 个喷射孔，一个孔用来喷射清洗剂，其他三个孔用来喷射防雨剂。

（3）控制与显示

按压防冰除雨面板上的左或右侧的清洗开关起动风挡清洗系统。将防冰除雨面板上的 "WASHER" 开关置于 ON 位，开关接通清洗泵的交流电源，同时 28V 直流电接通到对应侧风挡的电磁阀门上。清洗泵将清洗剂从容器内压出，通过电磁阀门输送到喷嘴，然后通过喷嘴上端的孔将约 20cm^3 的清洗剂喷射到前风挡玻璃外表面。风挡清洗系统需要使用风挡雨刷才能将风挡玻璃清洗干净。

风挡清洗系统工作原理如图 4–21 所示。

4.2.2.8　结冰探测系统

结冰探测系统用于探测飞行过程中的结冰情况。在机身前段安装有两个结冰探测器探头。结冰探测系统自动工作，可向发动机进气道和机翼防冰系统提供结冰信号。

4.2.3　系统性能指标

4.2.3.1　机翼防冰系统

机翼防冰控制阀门的直径：88.9mm；

机翼防冰控制阀门的压力调节值：310kPa。

4.2.3.2　发动机进气道防冰系统

发动机进气道防冰阀门引气压力调节值：138 ～ 193kPa，表压。

发动机整流罩过热开关关闭温度：121℃。

4.2.3.3　风挡除雨系统

风挡雨刷低速刮刷频率为（190±19）次 /min，高速刮刷频率为（250±25）次 /min。

4.2.4　设计特点

4.2.4.1　机翼防冰系统

控制机翼防冰系统打开和关闭的机翼防冰控制阀门具有手动锁定功能，并且能够指示控制阀门的位置。

4.2.4.2　发动机进气道防冰系统

控制系统打开或关闭的进气整流罩热防冰阀门具有超控锁定功能，如果阀门失效，能够人工将阀门锁到全开或全关位。

当发动机短舱的环境温度高于 121℃时，发动机整流罩过热开关关闭发动机进气道防冰系统，防止短舱内温度过高。

4.2.4.3　风挡加温系统

1 号前风挡玻璃加温功能通过控制面板上的按钮进行打开和关闭。当飞机上电后，2 号和 3 号侧风挡玻璃的加热自动起动。

4.2.4.4　风挡防雨剂系统

防雨风挡玻璃涂层位于前风挡玻璃外表面。前风挡玻璃外表面设置有疏水涂层，可以有效改善大雨时飞行员的能见度。

4.2.4.5　风挡清洗系统

风挡清洗系统在前风挡 1 号风挡玻璃外表面上喷洒清洗液，必须与风挡除雨系统同时使用。

4.2.5　相关事故

波音 747 型飞机没有结冰导致的事故。

4.3　波音 757

4.3.1　飞机概述

波音 757 飞机是美国波音公司研制的 200 座级、单通道、双发、窄体、中程民航客机，载客量为 186 ~ 279 人，最大航程为 7200km。波音 757 是在波音 727 的基础上采用了新机翼和高涵道比发动机，并修改了机身外形。波音 757 拥有较新颖的设计，包括采用两台发动机、双人操作的驾驶舱。波音 757 最初型号为波音 757-200，1982 年 2 月首飞，同年取得适航证，1983 年投入航线运营，于 2005 年停产，总共生产了 1050 架。

4.3.2　系统说明

4.3.2.1　机翼防冰系统

（1）工作原理与架构

机翼防冰系统用于对机翼外侧三段缝翼前缘进行加热防冰。机翼防冰系统和防冰腔结构如图 4-23 和图 4-24 所示。系统部件主要包括：机翼防冰阀门、伸缩管、笛形管、机翼和发动机防冰控制面板、测试面板。

（2）机翼防冰系统组成

机翼防冰系统部件包括热防冰阀门、伸缩管、补偿套管、笛形管、机翼和发动机防冰控制面板、测试面板。

机翼防冰阀门用以控制防冰引气流入前缘防冰管路提供的流量，阀门布置在两侧机翼支柱的上方。该阀门能够将管路压力控制在 137.9 ~ 193.1kPa。阀门上有一个指示器，用以指示阀门闭合或打开。通过旋转阀门上的六角形螺栓，可以人工调整阀门至全开或全关位置，并可以锁定在关位。

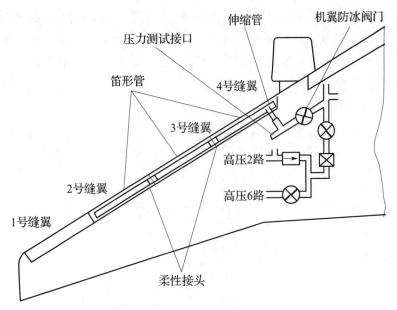

图 4-23　机翼防冰系统布置图

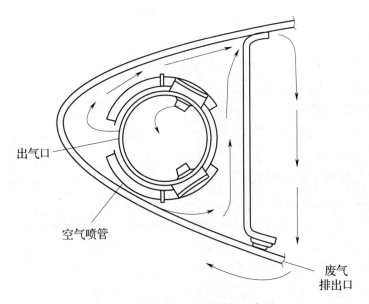

图 4-24　缝翼内防冰腔结构示意图

　　左右机翼各安装一个伸缩管，功能是连接主机翼内引气管路与前缘缝翼内的笛形管，可以使主机翼内引气管路的热空气能够在前缘缝翼处于放下状态时进入缝翼内的笛形管。

　　补偿套管用来连接不同段前缘缝翼内的管路。补偿套管能够补偿因不同段缝翼放下不同步产生的笛形管路连接处的位移偏差。左右机翼内各有两个补偿套管，安装在各段前缘缝翼之间。笛形管安装在左右缝翼外端的三段缝翼内，其功能是将防冰热空气射向前缘缝翼内表面。

　　（3）控制与显示

　　机组按下防冰控制面板上的机翼防冰开关，向机翼热防冰阀门通电，机翼防冰阀门打开。此时发动机引气流入前缘缝翼内的笛形管。阀门打开过程中，面板上的琥珀色阀门指示灯燃亮。阀门打开后，阀门指示灯熄灭，如图 4-25 所示。

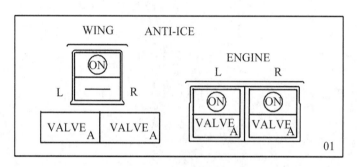

图 4-25　防冰控制面板示意图

　　如果机翼防冰阀门位置偏离设定位置，阀门指示灯燃亮。如果计算机监控阀门与指定位置的偏离程度超过 2.5s，EICAS 界面上就会显示机翼防冰的告警信息。

4.3.2.2　发动机进气道防冰系统

　　（1）工作原理与架构

　　发动机进气道防冰系统利用发动机引气防止发动机进气道前缘结冰。系统部件包括发动机进气道防冰阀门、发动机唇口管路、机翼和发动机防冰控制面板。发动机进气道防冰系统在短舱上的布置如图 4-26 所示。

　　（2）发动机进气道防冰系统组成

　　发动机进气道防冰阀门用于控制和调节进入引气管路的防冰引气压力，将下游的引气压力调节至 138 ~ 193kPa。防冰阀门有一个手动超控手柄和一个开/关六角形螺栓。防冰阀门能够手动控制打开或者关闭，并锁定在任意的位置上。超控手柄有一个位置指示器，能指示防冰阀门在正常打开或者关闭的位置，或者锁在开位或者关闭位。

　　发动机进气道防冰引气管路是从发动机引气主管路上分出的引气支路，将防冰引气送入发动机短舱前缘的环状笛形管内。

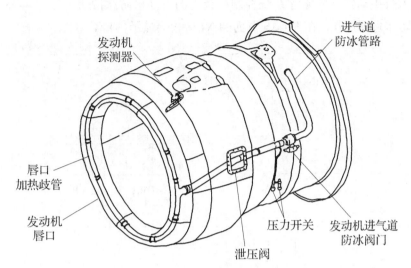

图 4-26　发动机进气道防冰系统示意图

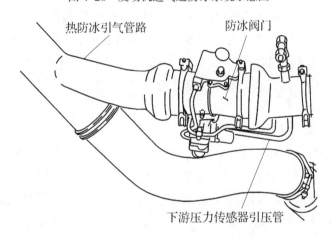

图 4-27　发动机进气道防冰阀门示意图
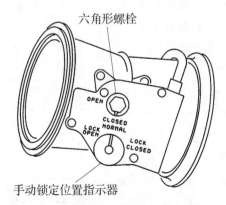

（3）控制与显示

机组人员手动按下防除冰系统控制面板上的发动机防冰按钮（见图4-28），发动机进气道防冰系统打开，在EICAS页面的N1旁边会显示"TAI"提示字符。

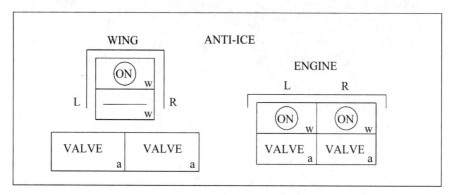

图4-28　防除冰系统控制面板示意图

系统在地面开始测试时，引气温度应限制在232℃以下，时间不超过5min。

当发动机进气道防冰阀门的实际位置和顶控板按钮指令不一致时，按钮上的"VALVE"琥珀色告警灯燃亮。当不一致的时间超过2.5s时，EICAS界面将显示"L/R ENG ANTI－ICE"告警信息。

发动机起动阶段，进气道防冰系统禁止打开。

4.3.2.3　传感器防冰系统

（1）传感器防冰系统工作原理

传感器防冰系统由空速管加热系统、迎角传感器加热系统、总温传感器加热系统和发动机探测器加热系统组成。这些系统都采用电加热方式分别对空速管、迎角传感器、总温传感器和发动机探测器进行防冰，防止由于这些传感器结冰导致产生错误的读数。

（2）传感器防冰系统组成

全机共有4个空速管，在机头对称安装，安装位置如图4-29所示。根据飞机的轮载状态，空速管自身设置有两级电加热功率，空中状态功率高，地面状态功率低。空速管的电加温是系统自动控制的。

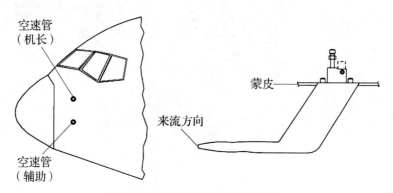

图4-29　空速管机上安装示意图

　　全机共有两个迎角传感器，在机头对称安装，安装位置如图 4-30 所示。在迎角传感器的风向标和外壳处分别安装有一个电加热元件，这两个电加热元件独立供电。迎角传感器地面和空中的加热功率是相同的。

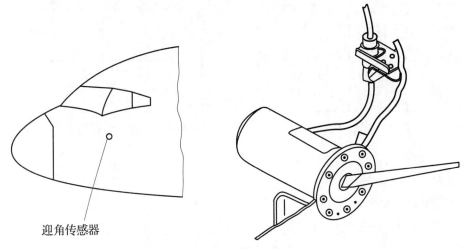

图 4-30　迎角传感器机上安装示意图

　　总温传感器全机只有一个，安装位置如图 4-31 所示。在地面和空中的电加热功率是相同的。总温传感器加温根据轮载信号自动控制，地面不加热，空中加热。

　　每台发动机内部都安装有一个发动机探测器，用于测量发动机进气道内迎风方向气流的总温和总压。发动机探测器加温系统只有一档加温功率，使用 115V 交流电，加热功率为 300W。发动机在地面起动后，N2 转速大于 38.8% 后发动机探测器加温系统自动开始工作。

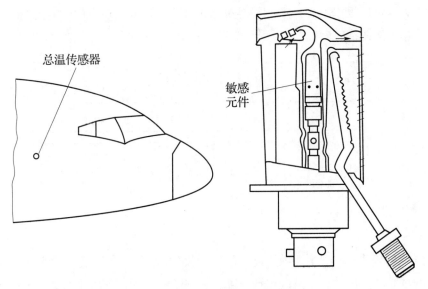

图 4-31　总温传感器机上安装示意图

（3）控制与显示

传感器防冰系统根据飞机的轮载、发动机转速等参数自动工作。各系统的工作状态由顶控板上的指示灯显示如图 4-32、图 4-33 所示。

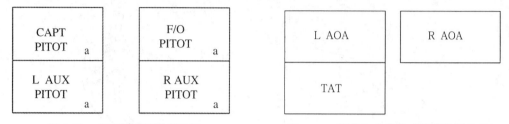

图 4-32　空速管顶控板指示灯　　　　图 4-33　迎角和总温传感器顶控板指示灯

4.3.2.4　风挡加温系统

（1）工作原理与架构

风挡加温系统通过电加热来防止风挡玻璃外表面结冰、内表面结雾，其中前风挡使用 200V/400Hz 交流供电，侧风挡和通风窗使用 115V/400Hz 交流供电。

风挡加温系统的工作由风挡加温控制器（WHCU）控制。每一台风挡加温控制器控制前风挡（No.1 风挡）和另一侧通风窗与侧风挡（分别为 No.2 和 No.3 风挡）的加温。前风挡的加热功率范围为 0 ~ 4kW，加温控制温度为 32.8℃。为了防止对低温玻璃在加热过程中产生热冲击，采用预加温控制律进行加热。侧风挡（分别为 No.2 和 No.3 风挡）加热功率为 0.8kW，只具有防雾功能。当侧风挡内埋温度传感器测量的温度达到 40.6℃时，风挡加温控制器对侧风挡加热电路断电，当温度低于 37.8℃时，风挡加温控制器对侧风挡加热电路通电加热。

（2）控制与显示

机组人员可以根据需要，按照图 4-34 中的 4 个按钮开启对应位置风挡玻璃的防冰防雾功能。每个按钮都有白色"ON"指示灯和琥珀色"INOP"（非正常工作状态）告警灯。

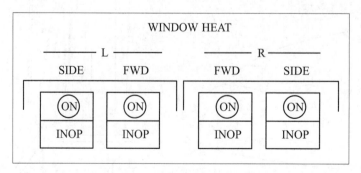

图 4-34　风挡加温系统控制面板

当风挡玻璃内的温度传感器出现短路或断路故障，风挡加温控制器供电异常或者玻璃温度过高时，风挡加温系统出现故障，在 EICAS 页面上就会显示对应的告警信息。机组人员应通过按下控制面板上对应的风挡加温按钮，关闭对风挡玻璃的加温。

4.3.2.5　风挡除雨系统

（1）工作原理与架构

风挡除雨系统在雨雪天气保证驾驶舱的前风挡能见度不受影响，安装位置如图 4-35 所示。风挡除雨系统由雨刷系统和防雨剂系统组成，波音 757 系列飞机某些架次的前风挡上涂有疏水涂层，则不安装防雨剂系统。疏水涂层和防雨剂系统不会同时使用。

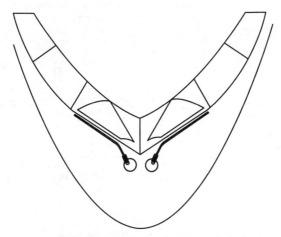

图 4-35　风挡除雨系统机上布置图

（2）风挡除雨系统组成

位于前风挡左右两侧的雨刷各使用 28V 直流电的电动马达驱动，分别独立控制，以保证一个电动马达故障时至少有一侧前风挡视野清晰。风挡刷臂位于停放位置时，为防止积灰，雨刷刷片距离玻璃有 7.6mm 的间隙。

防雨剂系统由电磁阀、喷嘴、防雨剂储存罐、压力表等组成。通过向前风挡喷射防雨剂，用来在风挡玻璃表面形成疏水涂层。系统每次喷射防雨剂的时间为 0.4s，如图 4-36 所示。

（3）控制与显示

风挡除雨系统的控制面板如图 4-37 所示。机组可以根据降雨量和飞行速度的大小，通过三位旋钮开关手动选择"LOW"或"HIGH"挡位起动风挡除雨系统。低速挡雨刷刮刷频率为 130 次 /min，高速挡雨刷刮刷频率为 185 次 /min。

按下"RAIN REPELLENT"按钮后，电磁阀接通 28V 直流电，防雨剂系统开始向前风挡外表面喷射防雨剂。在暴雨或暴雪气象条件下，防雨剂与雨刷同时工作能够增强前风挡的能见度。

4.3.2.6　水 / 废水管路防冰系统

（1）工作原理与架构

水 / 废水管路防冰系统通过给供水和排水管路加热来防止结冰，工作原理图如图 4-38 所示。系统部件包括加热带、加热带自动调温器、加热衬垫、排水杆加热器。

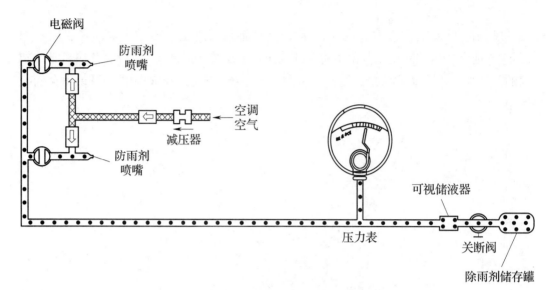

图 4-36　防雨剂系统组成示意图

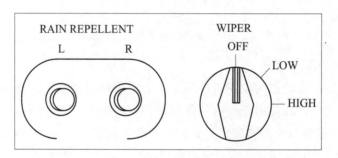

图 4-37　风挡除雨系统控制面板

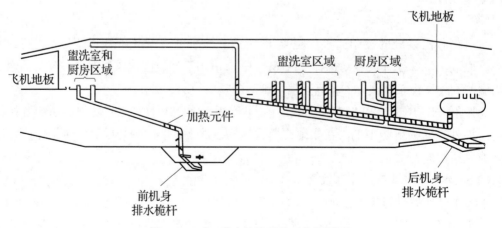

图 4-38　水 / 废水防冰系统工作原理图

（2）控制与显示

水 / 废水管路防冰系统使用 115V 交流电进行加热，系统采用恒温控制器自动控制加热工作状态，没有手动控制开关。当管路温度超过（15.5±3）℃时关闭加热，低于（7.2±3）℃时打开加热。

排水杆加温由空 / 地继电器控制，地面低功率，空中高功率，使用 115V 交流电供电。

4.3.2.7　结冰探测系统

波音 757 型飞机没有结冰探测系统，依靠机组目视前风挡外表面、雨刷臂等相关区域是否结冰来手动开启防除冰系统。

4.3.3　系统性能指标

4.3.3.1　机翼防冰系统

防冰引气压力值范围：138 ~ 193kPa。

4.3.3.2　发动机进气道防冰系统

防冰引气压力值范围：138 ~ 193kPa。

4.3.3.3　传感器防冰系统

发动机探测器的电加热功率为 300W。

4.3.3.4　风挡加温系统

前风挡加热功率可以在 0 ~ 4kW 范围内自动调节，玻璃温度的控制目标是 32.8℃。

侧风挡和通风窗通电打开时，加热功率为 0.8kW。当玻璃内的温度传感器测得玻璃温度高于 40.6℃时，关闭供电；当低于 37.8℃时，供电接通。

4.3.3.5　风挡除雨系统

风挡雨刷的刮刷频率：低速挡 130 次 /min；高速挡 185 次 /min。

4.3.3.6　水 / 废水管路防冰系统

供水管路的加热温度由自动调温器调节，当温度超过（15.5±3）℃时关闭加热，低于（7.2±3）℃时打开加热。

排水杆加温由空 / 地继电器控制，地面低功率，空中高功率，使用 115V/400Hz 交流电。

4.3.3.7　设计特点

波音 757 型飞机防除冰系统的设计基本延续了波音 737 型、747 型飞机的特点，从技术上讲具有延续性。

4.3.4　相关事故

波音 757 型飞机没有结冰导致的事故。

4.4　波音 767

4.4.1　飞机概况

　　波音 767 是美国波音公司研制的双发、半宽体、中远程运输机，波音 767 的客舱采用双通道布局，主要面向 200 ~ 300 座级市场。波音 767 系列大小介于单通道的波音 757 和更大的双通道的波音 777 之间。波音公司于 1978 年 2 月宣布发起波音 767 研制计划，1980 年 4 月第一架波音 767 出厂，1981 年 9 月 26 日第一架波音 767 飞机首飞，1982 年 7 月取得型号合格证，同年 9 月交付用户，并于同年 12 月首次开展商业飞行。波音 767 是波音民航机中首先使用两人操控的驾驶舱，也是波音客机中最先采用电子飞行仪表的飞机。波音 767 的基本型是 –200 型，此外尚有长途专用的 –200ER、–300ER、–400ER 及基于波音 767–200ER 的军用空中预警机和空中加油机。

4.4.2　系统说明

　　波音 767 型飞机环境防护系统主要由机翼防冰系统、发动机进气道防冰系统、风挡加温系统、风挡除雨系统和结冰探测系统等部分组成，环境防护系统用于确保飞机在结冰气象条件下各系统能够正常地工作。

4.4.2.1　机翼防冰系统

　　飞机在飞行过程中遇到结冰气象条件时，发动机引气为单侧包含有三段缝翼的机翼防冰系统提供防冰引气。机翼防冰系统包括防冰阀门、压力开关、伸缩管、柔性接头、位于缝翼前缘腔内的笛形管、防冰控制面板和位于综合测试面板上的测试开关，具体如图 4–39、图 4–40 和图 4–41 所示。

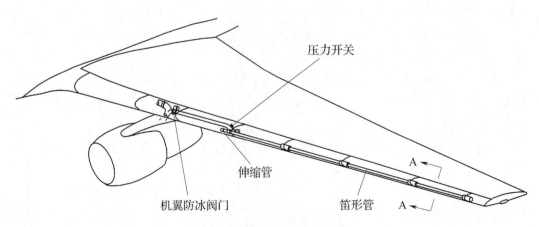

图 4–39　机翼防冰系统示意图

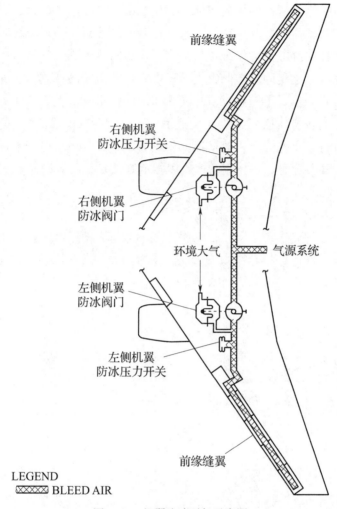

LEGEND
⬚⬚⬚⬚ BLEED AIR

图 4-40　机翼防冰引气示意图

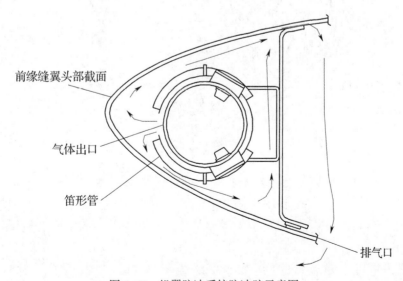

图 4-41　机翼防冰系统防冰腔示意图

驾驶舱防冰控制面板上的机翼防冰开关控制机翼防冰系统的运行。当左右侧机翼防冰开关置于"自动"位并且结冰探测系统探测到结冰自动使得机翼防冰系统开始工作时，机翼防冰控制继电器为系统提供电力。机翼防冰控制继电器可以在地面自动地开启机翼防冰系统，这是因为控制继电器通电并打开机翼防冰阀门。如果机翼防冰阀门的开关位置与指令位置不一致，机翼防冰阀门的指示灯燃亮而且左侧或右侧机翼防冰就会显示相应的告警信息；如果防冰管道内压力大于234kPa，左右侧机翼热气防冰压力开关关闭并且显示左右侧机翼防冰阀门的告警信息。飞机处于地面状态，当机翼防冰开关置于"开"位时，左右侧防冰阀门指示灯燃亮。在不超过4s的时间内，左右侧机翼就会显示防冰告警信息。

4.4.2.2 发动机进气道防冰系统

从发动机引出的热气用于防止发动机进气道唇口表面结冰。发动机进气道防冰系统包括发动机防冰阀门、气动压力安全阀、压力开关、发动机唇口防冰管路、温度传感器和D形防冰腔等部件，具体如图4-42、图4-43和图4-44所示。

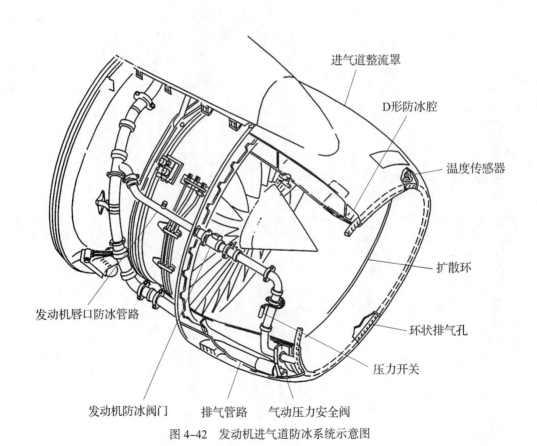

图4-42 发动机进气道防冰系统示意图

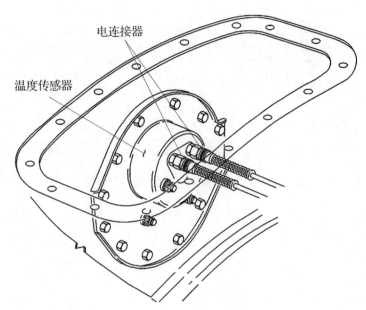

图 4-43　发动机进气道温度传感器示意图

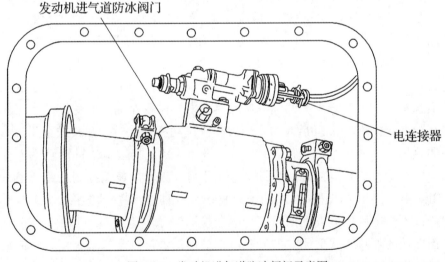

图 4-44　发动机进气道防冰阀门示意图

发动机进气道防冰系统的控制面板如图 4-45 所示。当发动机防冰开关置于"ON"位时，防冰阀门指示灯燃亮。2s 后发动机整流罩热气防冰阀门控制时间延迟继电器关闭，防冰阀门打开，防冰引气从管路内通过分配环流入发动机进气道前缘内的 D 形腔内达到热气防冰的效果。当阀门实际位置与指令确定的位置不一致时，位于开关下部的琥珀色阀门指示灯燃亮，EICAS 显示面板上出现发动机防冰相关信息。

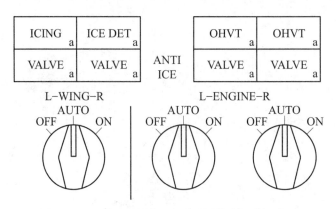

图 4-45　机翼和发动机进气道防冰控制面板示意图

当飞机处于飞行状态且发动机进气道防冰系统自动运行时，发动机防冰开关位于"AUTO"位置。如果有必要，发动机防冰系统也可以进行手工操作。进行"ON"或"AUTO"操作时，当热气防冰系统起动后位于开关上部的阀门指示灯就燃亮。

4.4.2.3　风挡加温系统

风挡加温系统对机长和副机长位置处的 1、2 号和 3 号风挡玻璃进行加热用来防止玻璃表面结冰和结雾。该系统的主要部件包括：加热控制单元、加热控制面板和综合测试面板。电源由位于飞机左右侧 28V 直流电的主总线和左右侧 115V 交流电的主总线提供。

1 号风挡玻璃采用电加热来防止玻璃表面结冰和结雾。每个风挡玻璃的电路通道可以为加热装置提供 0～4000W 的电功率，使得玻璃表面温度维持在 32.8℃ 附近。调节到加热挡后，提供给加热装置的电功率就依赖于玻璃设定的温度值 32.8℃ 与玻璃表面实际温度的差值。实际温度低于设定的温度值的差值越多，提供给加热装置的电功率就越大。为了防止对低温玻璃的热冲击，需要在加热装置满功率工作前先对玻璃逐渐进行预热。6min 后对加热装置提供满功率，此时预热模式关闭，然后打开比例加热模式。提供给侧边风挡玻璃（2 号和 3 号风挡玻璃）的电功率不像前风挡玻璃（1 号风挡玻璃）加热装置那样连续可调。侧风挡玻璃控制电路通道只有打开和关闭两挡。打开时加热装置的功率为 800W。当加热装置的电路断开时加热装置不会加热；当侧边风挡玻璃上的温度传感器检测到温度达到 40.6℃ 时，控制通道会将侧风挡玻璃的加热装置关闭。如果侧风挡玻璃的温度低于 37.8℃ 时，控制通道接通并为加热装置提供电源。

风挡加温系统具有过热保护功能。风挡玻璃加热控制单元的电路会连续监测控制单元、风挡玻璃上传感器和风挡玻璃加热装置的工作状态。每个风挡玻璃加热装置提供电源的控制器都有一个自动防故障继电器，当出现下列一种或多种情况持续超过 0.35s 时，继电器就会断开电源：未接通电源、传感器短路、传感器开路、过热（风挡玻璃的温度超过 43.3℃）、不需要加热时加热、需要加热时不能进行加热、非对称地输出功率和开关位于开位就接通电源。这些情况都会造成风挡玻璃加热控制面板上的 "INOP" 指示灯燃亮，同时 EICAS 面板上会显示告警信息。如图 4-46 所示。

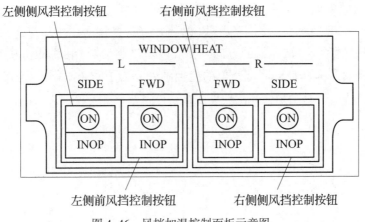

左侧侧风挡控制按钮　　　右侧前风挡控制按钮

左侧前风挡控制按钮　　　右侧侧风挡控制按钮

图 4-46　风挡加温控制面板示意图

4.4.2.4　风挡除雨系统

两个风挡雨刷用来确保飞机在雨雪天气下起飞、进场和着陆时机长和副机长的前风挡玻璃视野清晰。用来驱动雨刷的电动机都是独立的，确保一个电动机失效后有一块风挡玻璃视野清晰。该系统的主要部件包括：风挡除雨和除雨剂控制面板、风挡雨刷驱动器 / 转换器、风挡雨刷臂和风挡雨刷刷片。

除雨剂流体有助于风挡雨刷将雨雪从风挡上除掉。除雨剂系统包括除雨剂瓶、除雨剂阀门、喷嘴、蓄压器和风挡除雨和除雨剂控制面板。除雨剂系统包括具有憎水涂层的 1 号通风窗。

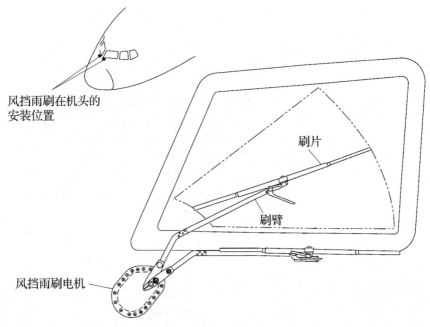

风挡雨刷在机头的
安装位置

刷片

刷臂

风挡雨刷电机

图 4-47　风挡除雨示意图

风挡除雨和除雨剂控制面板上有一个雨刷转速开关，它用来控制两个风挡雨刷片的运动，控制面板如图4-48所示。开关具有"关闭""低挡"和"高挡"三个挡位。开关的"低挡"和"高挡"位用来改变雨刷刷片在风挡玻璃上的刮刷速度。开关位于"关闭"位时，驱动器/转换器的方向发生反转。当驱动器/转换器切断电源时，雨刷刷片会恢复到每个风挡玻璃底部凸出的遮挡物处。为了防止雨刷刷片和风挡玻璃之间出现污染物，凸出的遮挡物会高出玻璃表面。

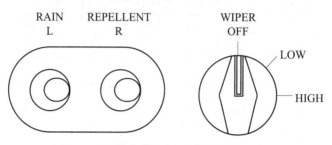

图4-48　风挡除雨和除雨剂控制面板示意图

风挡除雨系统可以在机长和副机长的1号主风挡玻璃上喷涂除雨剂。除雨剂形成一层防护膜使得雨滴从风挡玻璃上脱落，该系统的部件包括：风挡除雨和除雨剂控制面板、电磁阀、管路、除雨剂容器、压力表和蓄压器，具体如图4-49和图4-50所示。

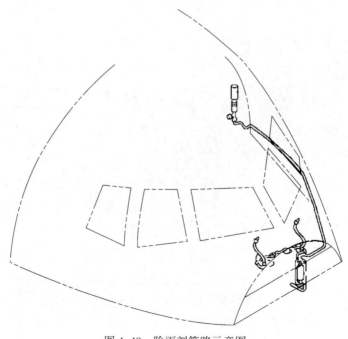

图4-49　除雨剂管路示意图

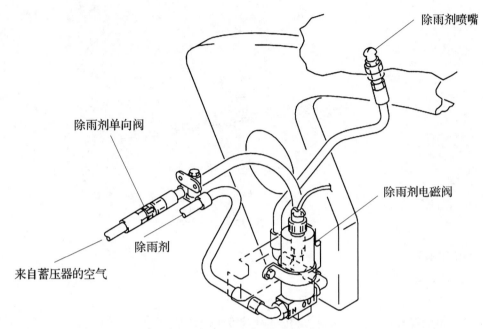

图 4-50　除雨剂电磁阀示意图

4.4.2.5　结冰探测系统

结冰探测系统用来告知飞机机组人员发动机和机翼结冰的信息并可以自动开启防冰系统。该系统包括结冰探测器、机翼、发动机防冰控制面板和 EICAS 显示面板。结冰探测器在机上的安装如图 4-51 和图 4-52 所示。

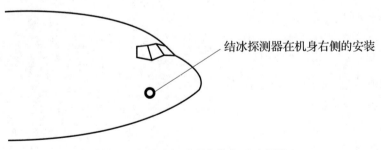

图 4-51　结冰探测器安装位置示意图

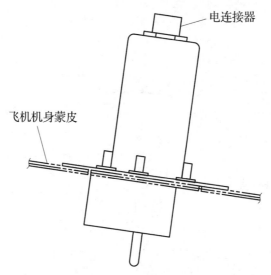

图 4-52　结冰探测器示意图

4.4.3　性能参数

4.4.3.1　机翼防冰系统参数

（1）压力调节：（158±21）kPa（表压）；

（2）超压告警：压力超过 234 kPa，系统发出超压信号。

4.4.3.2　发动机进气道防冰系统参数

（1）超压保护：压力超过 455 kPa，防冰阀门自动关闭；

（2）过热保护：温度超过 230℃，防冰阀门自动关闭。

4.4.3.3　风挡加温系统

（1）前风挡玻璃最大加热功率为 4000W，设定的加热温度为 32.8℃；

（2）侧边风挡玻璃过热温度为 40.6℃，开始工作温度为 37.8℃；

（3）系统不允许工作条件：环境温度高于 29.5℃。

4.4.3.4　风挡除雨系统

（1）除雨剂牌号：液体 P/N 10-38196-5；

（2）控制电源：28V 直流电；

（3）雨刷具有"高速"和"低速"两挡。

4.4.3.5　结冰探测系统

（1）激振频率：40kHz；

（2）冰层探测精度：0.5mm。

4.4.4　设计特点

波音 767 型飞机防除冰系统的设计思想基本和波音 757 型飞机一致，具有设计技术的延续性。

4.4.5　相关事故

波音 767 型飞机没有结冰导致的事故。

4.5　波音 777

4.5.1　飞机概况

　　波音 777 型飞机是由美国波音公司研制的一款双发干线客机，采用圆形机身设计，使用了全数字式电传飞行控制系统、软件控制的飞行电子控制器、液晶玻璃化驾驶舱、大量使用复合物料、光纤飞行电子网络等多项新技术。波音 777 是用于包括空中客车 A330、A340 及 A350 竞争的机型，1990 年 10 月 29 日正式启动研制计划，1994 年 6 月 12 日第 1 架波音 777 首次试飞，1995 年 4 月 19 日获得欧盟适航证和美国联邦航空局型号合格证，1995 年 5 月 30 日获准 180min 双发延程飞行，1995 年 5 月 17 日首架交付用户美国联合航空公司。

4.5.2　系统说明

　　防除冰系统主要包括以下系统：机翼防冰系统、发动机进气道防冰系统、大气数据传感器防冰系统、风挡加温系统、风挡除雨系统、风挡除雨剂系统、外景摄像头窗口加温系统、水 / 废水管路防冰系统和结冰探测系统，各系统在机上的位置如图 4-53 所示。

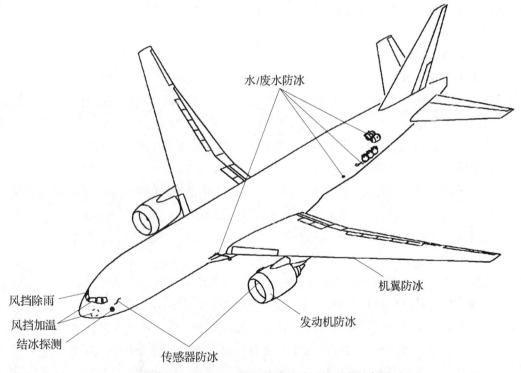

图 4-53　波音 777 型飞机防除冰系统组成示意图

4.5.2.1 机翼防冰系统

（1）工作原理与架构

机翼防冰系统采用热气加热方式对机翼前缘进行加热防冰。防冰区域为左侧机翼缝翼 3、4、5 段，右侧机翼缝翼 10、11 段和 12 段，如图 4-54 所示。

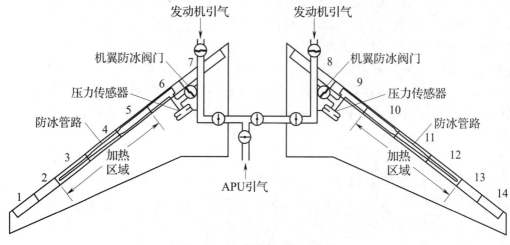

图 4-54　机翼防冰系统原理图

左右两侧的机翼防冰阀门控制系统空气流量，机翼防冰空气导管和伸缩管输送热气到机翼前缘缝翼，然后由笛形管的小孔排出。

（2）机翼防冰系统组成

机翼防冰阀门通过力矩马达控制阀门的转动角度进而调节防冰引气流量。当力矩马达停止工作时，依靠空气的压力关闭阀门；当力矩马达工作时，机翼防冰阀门打开，通过控制力矩马达中电流的大小来调节阀门开度；当机翼防冰阀门故障时，可以手动锁定阀门在关闭位。

压力传感器用来测量机翼防冰阀门下游防冰引气的压力，机翼防冰系统通过压力值来控制机翼防冰系统的引气流量。

机翼防冰管路安装有笛形管和伸缩管，防冰引气从笛形管的小孔喷射到前缘缝翼蒙皮表面，再由缝翼后部的排气孔排出。伸缩管由两段组成，一段在机翼里面，另一段在前缘缝翼内。当前缘缝翼放下或者收起时，其中一段可以伸出或收缩到另一段导管内。

（3）控制与显示

机翼防冰系统有"AUTO""ON"和"OFF"三挡控制功能，控制面板如图 4-55 所示。控制旋钮选择 AUTO 模式时，当结冰探测器探测到"结冰"告警信息时，机翼防冰系统控制器自动打开机翼防冰阀门；当飞机飞离结冰区后，系统控制延迟 3min 后关闭机翼防冰阀门。设定延迟时间是为了防止在间断的结冰气象条件下，机翼防冰阀门频繁开启和关闭。选择 ON 模式时，机翼防冰阀门打开；选择 OFF 模式时，机翼防冰阀门关闭。机翼防冰系统开始工作后，EICAS 页面上就会显示"WAI"提示字符。

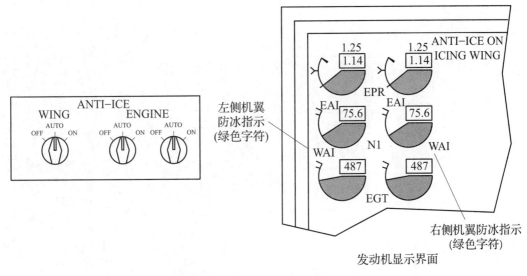

图 4-55　机翼防冰系统控制面板示意图

机翼防冰系统选择 AUTO 或 ON 模式时，以下限制条件将限制机翼防冰阀门的打开：

①飞机在地面（除过 BITE 测试）；

②总温超过 10℃并且起飞时间少于 5min；

③选择自动操作模式；

④空气驱动液压泵机正在工作中；

⑤发动机正在起动中；

⑥引气温度低于 93℃。

机翼防冰系统采集防冰引气温度和压力值，机翼防冰系统控制器使用这些数据来计算防冰引气流量和调节机翼防冰阀门的位置，在控制面板上可以看到这些信息。飞机信息管理系统显示功能可以查看有关机翼防冰系统的 EICAS 信息、机翼防冰阀门位置信息、气象信息和维护信息等。

4.5.2.2　发动机进气道防冰系统

（1）工作原理与架构

发动机进气道防冰系统使用从发动机第 15 级压气机引出的热空气对进气道前缘进行加热，起到防冰的作用，系统组成如图 4-56 所示。系统的打开和关闭由发动机进气道防冰阀门控制，防冰引气最终从前缘的排气口排出防冰腔。

（2）系统组成

发动机进气道防冰阀门控制管路出口的引气压力，是一个电控气动型阀门，可以手动锁定在关位。

压力传感器共两个，负责给控制系统提供防冰管路内引气压力。设置两个防冰压力传感器是为了保证安全性而采用的冗余设计。

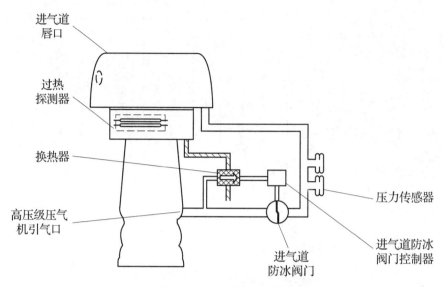

图 4-56 进气道防冰系统

当系统发生泄漏时过热探测器给控制系统发出告警信号，自动关闭发动机进气道防冰系统。

（3）控制与显示

发动机进气道防冰系统有"AUTO""ON"和"OFF"三挡控制功能，控制面板如图 4-57 所示。飞行过程中控制旋钮选择 AUTO 模式时，当结冰探测器探测到"结冰"告警信息时，发动机进气道防冰系统自动开始工作；选择 ON 模式时，发动机进气道防冰阀门打开；选择 OFF 模式时，发动机进气道防冰阀门关闭。发动机进气道防冰系统开始工作后，EICAS 页面上就会显示"EAI"提示字符。

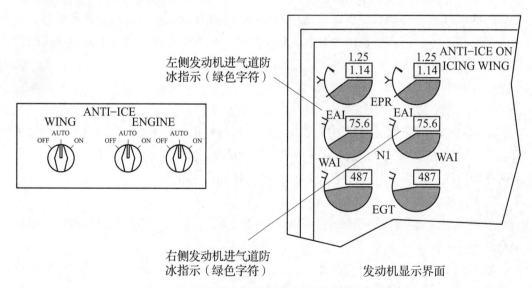

图 4-57 发动机进气道防冰系统控制面板示意图

发动机进气道防冰系统选择 ON 模式时，以下所有条件将限制系统的打开：

①飞机处于飞行中；

②没有接收到结冰信号；

③总温高于 10℃。

当发动机进气道防冰系统中的两个压力传感器都发生故障时，发动机进气道防冰阀门全开。当发动机舱超温时，自动关闭系统。

4.5.2.3　大气数据传感器防冰系统

（1）工作原理与架构

大气数据传感器防冰系统由空速管防冰系统、迎角传感器防冰系统、总温传感器防冰系统和发动机传感器防冰系统组成，各系统在机上的安装位置如图 4-58 所示，都是通过电加热方式防止因结冰导致提供错误的数据。

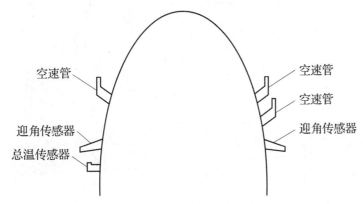

图 4-58　大气数据传感器防冰系统示意图

（2）系统组成

全机共有三个空速管，互为冗余设计。空速管空气数据单元控制空速管和迎角传感器的加热。

当飞机第一台发动机起动，或空速超过 92.5km/h，或飞机在空中时，空速管加热自动起动。

全机共有两个迎角传感器，传感器的风向标、壳体各有一个加热元件，使用 115V/400Hz 供电。当飞机第一个发动机起动，或飞机在地面时，左侧迎角传感器加热自动起动。当空速超过 92.5km/h，或飞机在空中时，左侧迎角传感器加热自动起动。

全机共有一个总温传感器，电动载荷关系系统（ELMS）控制总温传感器的加热，在空中起动。

每台发动机的 P2/T2 探测器都有一个加热器，防止结冰输出错误的数据。

所有大气数据传感器的防冰系统都是自动起动的，不需要机组手动操作。

4.5.2.4　风挡加温系统

（1）风挡加温系统组成

驾驶舱风挡玻璃和外景摄像头窗口均采用电加热方式进行防冰和防雾，风挡加温系统的工作原理如图 4-59 所示，外景摄像头窗口在机上的位置如图 4-60 所示。

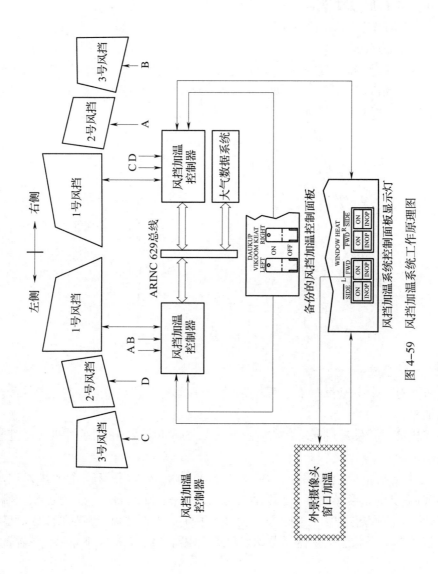

图 4-59 风挡加温系统工作原理图

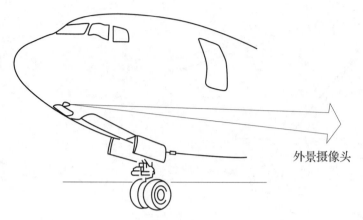

图 4-60　外景摄像头窗口示意图

（2）控制与显示

机组需手动按下风挡加温控制面板上的按钮打开相应位置的风挡加温系统，控制面板如图 4-61 所示。外景摄像头窗口的加温由左前按钮控制。

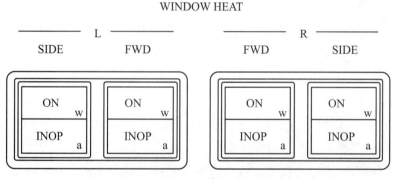

图 4-61　风挡加温系统控制面板

风挡加温系统的控制和监视功能由两台风挡加温控制单元完成。风挡玻璃的加热供电是三相 115V/400Hz 交流电，前风挡加热功率大，采用三角形接线法，侧风挡和通风窗采用星形接线法。

外景摄像头窗口在空中加热供电是 115V/400Hz，地面是 75V/400Hz。窗户玻璃温度高于 28℃时加温系统关闭。

飞机在地面前 4min 时为了保护玻璃结构，所有的风挡玻璃加热都使用低功率。

4.5.2.5　风挡除雨系统

（1）工作原理与架构

风挡除雨系统采用电动风挡雨刷除去前风挡上的雨水。前风挡玻璃上同时也涂有防雨涂层，用来保持视野的清晰。系统机上示意见图 4-62。

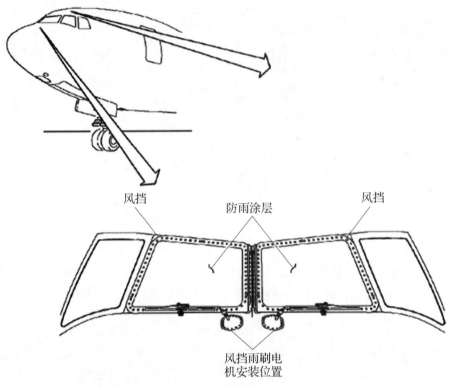

图 4-62　风挡除雨系统机上安装示意图

（2）控制与操作

降雨条件下，机组通过手动将雨刷控制旋钮拧至目标挡位打开风挡除雨系统，控制面板如图 4-63 所示。风挡除雨系统共有三个挡位，其中"INT"为间歇挡，每隔 7s 按照低速挡位刮刷一次；"LOW"挡刮刷频率为 80 个循环 /min；"HIGH"挡刮刷频率为 125 个循环 /min。

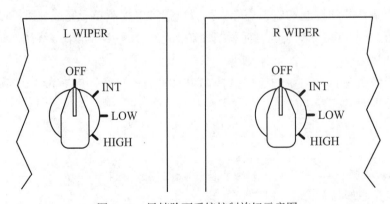

图 4-63　风挡除雨系统控制旋钮示意图

4.5.2.6　水 / 废水管路防冰系统

水 / 废水管路防冰系统对供水管、污水管和污物罐管道进行加热，以防止结冰堵塞。水 / 废水管路防冰系统示意图如图 4-64 所示。

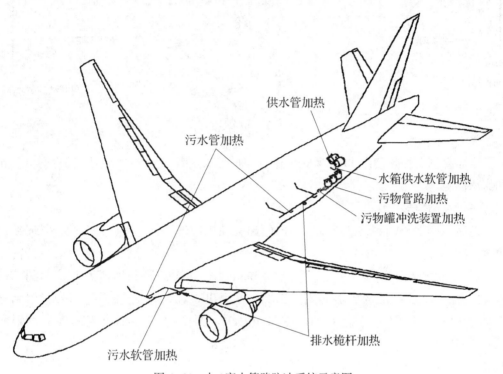

图 4-64　水 / 废水管路防冰系统示意图

水 / 废水管路防冰系统是自动工作的，不需要机组手动操作。

水 / 废水管路的加热系统由加热元件、控制器、恒温调节器组成。

分配水管：水管超过 15℃时停止持续加热，低于 7℃时开始持续加热。

饮用水排水管：水管 10℃以下开启加热，10℃以上关闭加热。

前排水杆：10℃以上关闭加热，7℃以下开启加热。121℃系统告警并强制关闭加热。

4.5.2.7　结冰探测系统

（1）工作原理与架构

结冰探测系统探测结冰情况并将结冰告警信息传递给防冰控制系统，结冰探测系统由两个结冰探测器组成，互为备份。结冰探测器系统原理图如图 4-65 所示。

（2）系统组成

机头左右两侧的结冰探测器互相独立工作。结冰探测器的敏感元件初始频率为 40kHz，表面结冰时频率降低。当频率低于 39.876kHz 时，结冰探测器自动接通加热功能。频率恢复正常或探测器持续加热超过 25s 时，加热功能自动关闭。

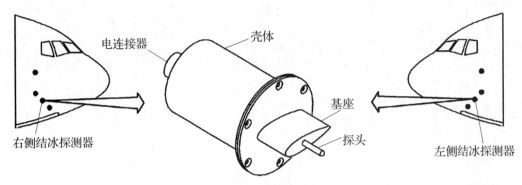

图 4-65　结冰探测器系统原理图

结冰探测器加热使用 115V/400Hz 供电，正常加热时间是 5 ~ 7s，以便进行下一轮的结冰探测。

（3）控制与显示

结冰探测器检测到结冰时间较短时给出发动机进气道结冰信号，时间较长时给出机翼结冰信号。

结冰探测器探测到结冰后，当持续 3min 没有继续探测到冰情后系统取消结冰告警。结冰探测系统发生故障时，EICAS 界面出现相应的告警语句。某一个结冰探测器出现故障时，显示 ICE DETECTOR L/R。两个探测器都出现故障时，显示 ICE DETECTORS。

4.5.3　性能参数

4.5.3.1　风挡加温系统

外景摄像头窗口的加温控制温度为 28℃。

4.5.3.2　风挡除雨系统

风挡雨刷的刮刷频率，慢挡为 80 个循环 /min；快挡为 125 个循环 /min。

4.5.3.3　水 / 废水防冰系统

污水排水管路：水管 16℃以上关闭加热，7℃以下打开加热，117℃系统告警并强制关闭加热。

污物罐冲洗装置加热：装置 26℃以上关闭加热，7℃以下开启加热，47℃系统告警并强制关闭加热。

污物罐排水管：排水管 26℃以上关闭加热，7℃以下开启加热，117℃系统告警并强制关闭加热。

4.5.4　设计特点

4.5.4.1　机翼防冰系统

设置有自动功能，与飞机的结冰探测系统发送的"结冰"信号交联。

4.5.4.2　发动机进气道防冰系统

设置有自动功能，与飞机的结冰探测系统发送的"结冰"信号交联。

4.5.4.3　大气数据传感器防冰系统

都是自动工作，不需要手工操作。

4.5.4.4　风挡加温系统

风挡加温功能与波音 737 系列飞机系统相同，前风挡加温按钮同时控制了外景摄像头窗户玻璃的加温功能。

4.5.4.5　风挡除雨系统

相比其他型号的飞机，波音 777 型飞机安装有防雨涂层，没有安装除雨剂系统。

4.5.4.6　结冰探测系统

与波音 767 型飞机使用的结冰探测器相同，更先进的特点是"结冰"信号自动开启机翼防冰系统和发动机进气道防冰系统。

4.5.5　相关事故

波音 777 型飞机没有结冰导致的事故。

4.6　波音 787

4.6.1　飞机概述

波音 787 系列飞机是美国波音公司研制的一种先进的双通道、中远程、双发、喷气式客机，客座数为 240 ~ 335 座。波音 787 系列飞机大量采用复合材料、先进的发动机和新型航电、自动飞行控制和电气系统等先进技术，是商用喷气式飞机中的首架"全电飞机"，燃油消耗和座公里成本显著降低，被称为"梦想飞机"。

波音 787 型飞机自 2011 年 9 月交付运营以来，共推出 4 种机型，包括波音 787-3、787-8、787-9 和 787-10。

4.6.2　系统说明

4.6.2.1　机翼防冰系统

（1）工作原理与架构

机翼防冰系统采用电加热方式对机翼前缘进行加热，防止结冰。每一侧机翼前缘分布有 4 块加热防冰区域，左侧机翼为 2、3、4 号和 5 号缝翼前缘，右侧机翼为 8、9、10 号和 11 号缝翼前缘。加热电源从配电板进入机翼防冰系统控制单元。

（2）机翼防冰系统组成

每一段缝翼前缘设置有 3 块加热垫，分别位于缝翼结构的外表面、中间层和内部，这些加热垫向机翼防冰系统提供加热源。有一层防锈铝合金保护罩用来保护加热垫。加热垫和保护罩用黏合剂黏结在一起，成为一个完整的 LRU，然后再黏结在前缘缝翼表面。位于中间层的加热垫内设有一个温度传感器，用于实时测量并向机翼防冰系统控制单元反馈加热温度值。加热垫使用 235V 三相交流电。

机翼防冰系统控制单元包括区域控制卡、加热时序控制卡和供电卡，供电卡向区域控制卡和加热时序控制卡供电，每一块卡都是一个独立的 LRU。

每一段加热缝翼都有一个随动的电缆包覆层，用于防止缝翼放下和收起过程中结构运动造成的损害。

（3）控制与显示

机翼防冰系统通过防除冰控制面板上的旋钮控制，如图 4-66 所示。旋钮置于"AUTO"挡时，如果接收到结冰探测器发送的结冰信号，机翼防冰系统自动打开，在 EICAS 界面上的 N1 附近显示"WAI"提示字符。除了地面测试程序，飞机轮载为地面时，机翼防冰系统不会打开。

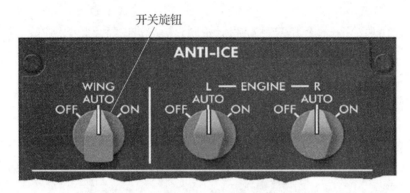

图 4-66　机翼防冰系统控制面板示意图

4.6.2.2　发动机进气道防冰系统

（1）工作原理与架构

每台发动机有一个进气道防冰系统，使用从发动机高压压气机引出的高温引气对发动机进气道前缘进行加热防冰。

（2）发动机进气道防冰系统组成

用于对发动机防冰控制器气体冷却的空气依次流向发动机防冰阀门控制器和压力调节关断阀门。发动机防冰阀门控制器能够控制防冰引气流量。

压力调节关断阀门（PRSOV）是一个气动控制的蝶阀，将引气压力调节至 275kPa。

压力调节阀门（PRV）是一个气动控制的蝶阀，将引气压力调节至 207kPa。

发动机防冰压力传感器用于测量防冰引气管路内压力调节阀门下游的压力。

（3）控制与显示

发动机进气道防冰系统通过防除冰控制面板上的旋钮控制，如图 4-67 所示。旋钮置于"OFF"挡时，系统关闭；旋钮置于"AUTO"挡时，如果接收到结冰探测器发送的结冰信号，发动机进气道防冰系统自动打开，在 EICAS 界面上会显示"EAI"提示字符；旋钮置于"ON"挡时，发动机进气道防冰系统手动打开。

4.6.2.3　座舱压气机进气口防冰系统

（1）工作原理与架构

座舱压气机进气口防冰系统用于对机身左右侧座舱压气机进气口前缘进行电加热，达到防冰的目的。

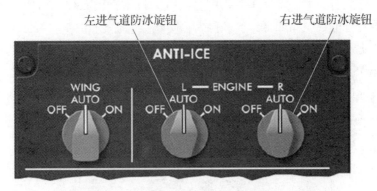

图 4-67　发动机进气道防冰系统控制面板示意图

（2）座舱压气机进气口防冰系统组成

电加热器组件位于机身左右两边翼身整流区域的座舱压气机冲压进气口前缘，加热电源由远程配电单元（RPDU）提供。电加热组件内安装有两个温度传感器，用来实时测量和反馈温度值。

（3）控制与显示

座舱压气机进气口防冰系统没有独立的控制面板。系统的控制原理如下：当结冰探测系统发出"结冰"信号时，系统自动开启。如果结冰探测系统出现故障，可以通过发动机进气道防冰系统控制面板上的旋钮手动开启。

飞机在地面状态时，座舱压气机进气口防冰系统不会工作。

4.6.2.4　大气数据传感器防冰系统

大气数据传感器包括三个空速传感器、两个迎角传感器和一个总温传感器。这些传感器内部都自带加热装置，采用 115V 交流电加热。这些传感器的加热没有操作按钮，加热都是自动开启的。空速传感器加热装置加热功率分为高、低两挡，当飞机空速小于 92.6 km/h 时，采用单相交流电低挡加热；当空速大于或等于 92.6 km/h 时，采用两相交流电高挡加热。

4.6.2.5　风挡加温系统

（1）工作原理与架构

驾驶舱风挡玻璃采用电加热方式进行防冰防雾，对两块前风挡进行防冰和防雾，对两块侧风挡进行防雾。电加热装置安装在风挡玻璃内部，加热电源从二次配电装置通过风挡加温控制单元供给风挡玻璃。

（2）控制与显示

风挡加温系统通过控制面板上的按钮进行控制，如图 4-68 所示。每一块风挡玻璃都有一个控制按钮，按钮按下，风挡加温系统开始工作，按钮上"ON"指示灯燃亮；当风挡加温系统关闭或者系统失效时，对应的按钮上"INOP"指示灯燃亮。控制面板上还有一个备份按钮，当主要的控制按钮失效时备份按钮能够为风挡玻璃提供防雾功能。

前风挡内安装有三个温度传感器，侧风挡内安装有两个温度传感器。

风挡加温系统的控制律如下：

当风挡加温按钮按出系统关闭或者前风挡监测的温度值高于35℃时，加温功率为0%；在预加温的240s内，加热功率为33%；当风挡加温系统开启且完成240s的预加温阶段后，且前风挡监测的温度低于30.5℃时，加温功率为100%。

当侧风挡监测的温度低于37.8℃时，侧风挡通电加热；当侧风挡高于40.6℃时，侧风挡断电停止加热。

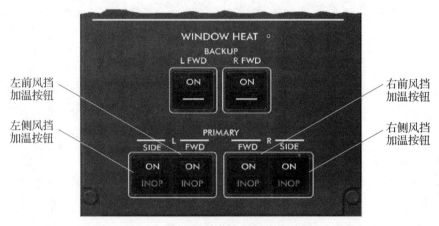

图4-68　风挡加温系统控制面板示意图

4.6.2.6　风挡除雨系统

风挡除雨系统具有对前风挡清洗和除雨的功能。电机驱动风挡雨刷刷片在前风挡外表面往复运动进行除雨。增压泵将清洗液从机头前部的喷嘴处喷出，对前风挡玻璃进行清洗。左右两侧前风挡的清洗和除雨都是通过控制旋钮独立控制。风挡雨刷的控制旋钮分为OFF、INT、LOW和HIGH 4挡。

4.6.2.7　水/废水管路防冰系统

水/废水管路防冰系统采用电加热方式对供水管线和废水设备进行加热，防止结冰堵塞。加热区域包括位于非气密区的饮用水管路和废水系统的过滤装置。供电电源由远程配电单元（RPDU）提供，使用温度传感器反馈加热温度。整个系统没有操作面板，根据环境温度自动工作。

4.6.2.8　结冰探测系统

结冰探测系统用来探测飞机是否处于结冰环境中，自带微型控制器。每台结冰探测器最终是否发出"结冰"告警信息，需要采集地速、空/地数据、迎角、大气静温和大气静压等多个参数进行综合处理，并能够探测出液态水含量（LWC）。结冰探测系统用来向机组发出结冰告警信息，同时可以自动开启机翼防冰系统、发动机进气道防冰系统和座舱压气机进气口防冰系统。

结冰探测系统没有操作面板，在地面阶段不工作，在飞行阶段自动工作。

4.6.3　系统性能指标

4.6.3.1　机翼防冰系统

机翼防冰系统控制单元重量为 29kg。

4.6.3.2　发动机进气道防冰系统

压力调节关断阀门（PRSOV）引气压力调节值：275kPa；

压力调节阀门（PRV）引气压力调节值：207kPa。

4.6.3.3　座舱压气机进气口防冰系统

座舱压气机进气口防冰组件重量为 22.2kg。

4.6.3.4　风挡加温系统

前风挡加温控制温度范围：30.5 ~ 35.0℃；

侧风挡加温控制温度范围：37.8 ~ 40.6℃。

4.6.4　设计特点

4.6.4.1　机翼防冰系统

所有民机中唯一一个机翼防冰系统以电能为能源的防冰系统，并且与结冰探测系统交联，具有自动工作功能。

4.6.4.2　发动机进气道防冰系统

采用压力调节关断阀门和压力调节阀门对引气压力进行两级调压。

4.6.4.3　风挡加温系统

风挡加温系统的控制面板具有主控制面板和备份控制面板。

每一个风挡加热控制组件控制一块风挡玻璃的加热，通过按钮进行单独控制。

4.6.4.4　风挡除雨系统

风挡除雨系统设置有"关、间歇、低、高"旋钮，飞行员可以根据降雨量的大小自主选择雨刷的刮刷频率。具有对前风挡的清洗功能。

4.6.4.5　结冰探测系统

结冰探测系统能够给出结冰信号，而且能实时地测量液态水含量。结冰探测系统的结冰信号能够自动起动机翼防冰系统、发动机进气道防冰系统和座舱压气机防冰系统。

4.6.5　相关事故

波音 787 型飞机没有结冰导致的事故。

第5章　支线飞机防除冰系统

5.1　AH-140

5.1.1　飞机概况

AH-140 飞机是 20 世纪 90 年代乌克兰安东诺夫航空科学技术联合体研制的一种用于中短途运输的双发动机涡轮螺旋桨客机。

AH-140 飞机采用常规上单翼，机翼为前缘无后掠的梯形翼，后掠的垂直安定面和水平安定面，水平安定面上反角 15°；采用驱动 AV-140 全顺桨和可逆桨螺旋桨的两台 1839kW TV3-117VMA-SBM1 涡桨螺旋桨发动机，发动机安装在翼下；采用可收放前三点式起落架。AH-140 飞机设计成能在所有高度和全天候情况下飞行，可在不设有跑道的场地上起降。

5.1.2　系统说明

AH-140 飞机结冰防护系统主要由结冰探测、机翼防冰、发动机进气导向叶片防冰、空气滑油散热器的进气道防冰、尾翼除冰、螺旋桨整流罩除冰、左右动力装置的螺旋桨除冰和驾驶舱的风挡玻璃除冰组成。防冰系统布置图见图 5-1。

AH-140 飞机采用了热气和电热两种形式的防冰形式。热气防冰系统主要防护机翼前缘、发动机进气导向叶片和空气滑油散热器结冰；电热除冰系统主要防护尾翼（平尾和垂尾）、螺旋桨整流罩、螺旋桨和驾驶舱风挡玻璃。

热气防冰系统的控制和监测有两种方式，根据结冰信号装置的信号自动接通或者手动接通 / 关闭，机翼热气防冰通过机翼热气防冰控制器进行自动控制，循环持续时间取决于外部空气温度，具体参数通过信号和显示指示面板来进行监测。

尾翼、螺旋桨和螺旋桨整流罩电热除冰系统的操纵和监测有两种方式，根据结冰信号装置的信号自动接通或者手动接通 / 关闭，尾翼电热除冰循环控制通过尾翼除冰控制器进行自动控制，通过信号和显示指示面板来进行监测，螺旋桨的加热周期控制通过螺旋桨除冰控制器进行控制，风挡玻璃加热的接通和关闭都是手动的，通过控制风挡温度调节器来进行加热。

5.1.2.1　热气防冰系统

热气防冰系统对机翼悬臂部分和根部、发动机进气口、空气滑油散热器进气道和进气导向器进行加热。

　　机翼热气防冰系统从每台发动机的 12 级压气机引气，地面引气凸缘的空气参数为：气压 P=0.94MPa，温度 290℃。每台发动机的引气量为 0.25kg/s。在单发停车的情况下自发动机引气要增加到 0.5kg/s。

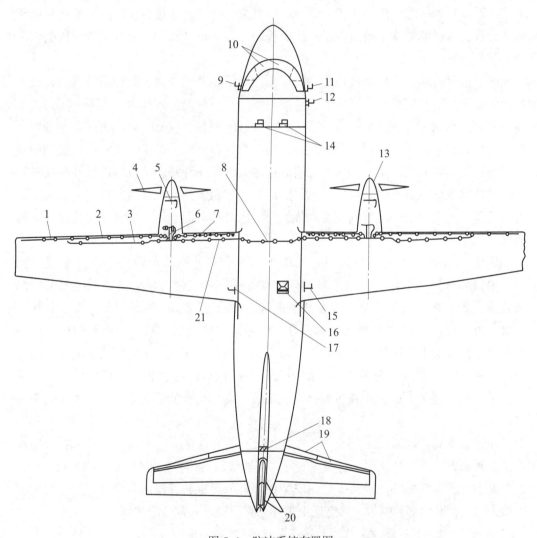

图 5-1　防冰系统布置图

1—机翼左半部前缘悬臂部分的加热分配管；2—机翼左半部前缘中部的加热分配管；3—沿机翼前翼梁的防冰系统导管；4—螺旋桨桨叶的加热元件；5—空气滑油散热器进气道前缘；6—发动机短舱防冰系统导管；7—机翼左半部前缘根部加热分配管；8—中央翼整流包防冰系统导管；9—结冰信号器；10—风挡玻璃加热元件；11—结冰信号器；12—全压受感器；13—螺旋桨整流罩电加热器；14—风挡加温控制器组件；15—温度传感器；16—热气防冰控制组件、尾翼除冰控制组件；17—温度传感器；18—尾翼除冰控制组件；19—水平安定面的右翼悬臂的前缘电加热器；20—垂直安定面电加热器；21—机翼左半部前缘根部防冰系统导管机翼防冰系统的引气量在高度上升的变化与流量调节器的压力成正比，而空气滑油散热器进气道的引气量则与发动机参数成正比。机翼防冰系统压力调节器的系统工作压力保持在 P=3.5atm（大气压）。发动机可以在环境温度为5℃或更低、所有高度下及发动机工作状态时的所有飞行速度范围内为机翼防冰系统提供引气。结冰信号装置和防冰系统自动接通采用结冰信号器。防冰系统自动控制采用专门的防冰系统控制和监测装置，以保障防冰系统所有子系统的控制，防止出现故障，并且监测对机组人员的情况和信息。

按下机翼防冰系统显示面板上"机翼防冰系统"开关，机翼防冰系统接通，位于发动机舱上的节气门打开，空气沿导管通过阀门和节气门进入压力调节器。压力调节器根据 P=3.5atm 对系统进行调压。当上游工作压力达到0.06MPa时，机翼防冰系统自动控制装置传送信号并接通加热节气门，防冰系统显示器上的引气指示、外翼、中翼和翼根的指示灯亮起。循环加热节气门的接通关闭顺序和每个节气门的接通持续时间由机翼防冰系统控制组件来确定，机翼防冰系统控制组件加热接通持续时间取决于温度传感器所接收到的外部空气温度。节气门、压力调节器和压力传感器安装在发动机短舱。

热空气沿导管通过循环阀门进入中翼、翼根和外翼的前缘笛形管，安装于翼根、中翼和外翼的循环阀门则进行循环工作。循环控制通过机翼防冰系统自动控制装置来实现，在翼根循环时大部分热空气进入翼根前缘，在外翼循环时大部分热空气进入外翼前缘，在中翼循环时大部分气体进入中翼前缘。翼根和中翼的循环阀门位于发动机短舱上，而外翼的循环阀门则安装在中央翼梁上。主管道沿机翼1号大梁分布，将热空气引入各分导管，分配导管分布在机翼前缘。热空气从微引射孔中喷出，引射孔沿整个翼展分布在机翼前缘。导管上的引射孔直径为1.3mm，喷孔间距为12mm。

左、右机翼防冰系统是相通的。在连接处安装有连通开关。连通开关由机翼防冰系统控制装置进行控制，用于监测连通开关接通状态的信号装置位于显示指示面板上。在外翼、中翼和翼根均敷设有导管，安装在外翼的导管和翼根的导管通过一个带螺纹的接头连接，其内部有隔板，热空气由集气总管分别进入各分配导管。

5.1.2.2 滑油散热器进气口和发动机进气导流器防冰系统

滑油散热器进气口和发动机进气导流器防冰系统采用热气防冰系统，热空气来自主发动机12级压气机，通过节气门进入发动机进气导流器加热导管。滑油散热器进气口防冰系统安装在发动机和发动机短舱内，滑油散热器进气口加热主管连接在发动机进气导流器的加热系统上。

滑油散热器进气口和发动机进气导流器防冰系统由集气管、控制开关和信号灯等部件组成。集气管安装在加热导管上，可防止空气进入空气滑油散热器的进气口，集气管由直径为8mm的导管组成，在集气管上开了间距15mm、直径为1mm的喷孔；控制开关"进气导向器和空气滑油散热器进气口防冰系统"安装在防冰系统面板上，可接通并加热进气导向器和空气滑油散热器，且有三种工作状态"自动、手动和关闭"；"发动机防冰系统"信号灯安装在防冰系统面板上，是进气导向器和空气滑油散热器加热系统的正常工作告警信号，在系统故障情况下，"发动机防冰系统"信号灯亮起。

5.1.2.3　尾翼电加热除冰系统

尾翼电加热除冰系统包括左 / 右水平安定面和垂直安定面电加热除冰系统，分为"Ⅰ、Ⅱ、Ⅲ"三个阶段周期加热，加热元件、热刀的位置和接通周期顺序如图 5-2 所示。

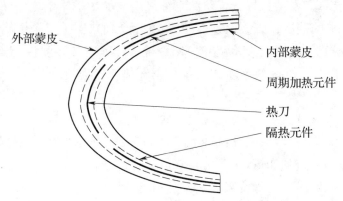

图 5-2　尾翼电热防冰系统示意图

尾翼电加热防冰系统装置由加热元件和热刀组成，粘贴在水平安定面和垂直安定面前缘。其中加热元件采用厚度 0.1mm 的不锈钢带制作，热刀采用直径 0.3 ~ 0.5mm 的金属丝制作，在确定形状后用密封胶粘贴在玻璃布之间，密封胶能承受水平安定面或垂直安定面的外部变形，水平安定面和垂直安定面加热元件的粘贴和制作示意图如图 5-3 所示。

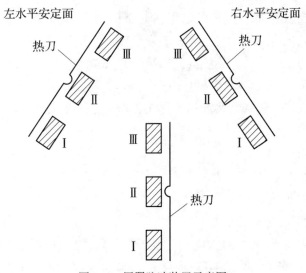

图 5-3　尾翼防冰装置示意图

尾翼电加热除冰系统转换开关位于防冰系统的控制面板上，按下开关，可接通尾翼电加热除冰系统，转换开关有自动、手动和关闭三个位置。其中在自动状态下，安装在地板下的 24 隔框里尾翼电加热除冰系统自动控制装置可实现尾翼电加热除冰系统的自动控制。

尾翼电加热除冰系统检测按钮位于防冰系统的控制面板上，用于系统正常工作检测，按下按钮，故障情况下控制面板上的"尾翼防冰系统故障"灯将亮起。

5.1.2.4　螺旋桨整流罩和发动机螺旋桨防冰系统

螺旋桨整流罩和发动机螺旋桨防冰系统采用电加热防冰系统，可加热螺旋桨整流罩前部 200mm 的范围，螺旋桨加热装置由 12 个加热器（每个螺旋桨上有 6 个加热器）、集电器装置、螺旋桨检测和控制装置、环境空气温度传感器等部件组成。螺旋桨整流罩和发动机螺旋桨防冰系统依据环境空气温度变化，采用周期加热方式。

螺旋桨整流罩内安装了三个加热装置，加热装置采用直径为 0.63mm 的金属丝制作而成，且用密封胶粘贴在特殊玻璃布之间，再用密封胶把壁板粘贴到螺旋桨整流罩里。发动机螺旋桨防冰系统的加热元件粘贴到螺旋桨的结构中。

"螺旋桨防冰系统""右螺旋桨防冰系统"的转换开关位于防冰系统的显示面板上，可实现螺旋桨整流罩和发动机螺旋桨加热控制，转换开关有自动、手动和关闭三个位置，螺旋桨防冰系统自动控制装置可实现螺旋桨整流罩和螺旋桨防冰系统的自动控制。在防冰系统出现故障的情况下，显示面板上的防冰系统故障灯亮起。"螺旋桨防冰系统自检"按钮位于防冰系统的控制面板上，按下按钮，显示面板上的螺旋桨防冰系灯亮起。

"螺旋桨 1 和 2"的转换开关位于"自动"位，螺旋桨防冰装置在"结冰""发动机起动""温度传感器正常"状态下，在周期模式下接通螺旋桨桨叶加热元件加热，螺旋桨防冰系统控制装置控制整个循环过程。在整个工作周期，当系统接通时，防冰系统显示面板上的螺旋桨指示灯点亮并一直亮着。当安装的加热元件中的一个出现故障时，防冰系统的显示指示面板上的螺旋桨的有关指示灯就会全部熄灭，并且控制面板"螺旋桨防冰系统故障"灯点亮且闪烁。"螺旋桨 1 和 2"的转换开关位于"关闭"位时，手动关闭系统，螺旋桨桨叶的加热元件断开，防冰系统显示指示面板上的螺旋桨指示器熄灭。

5.1.2.5　风挡加温系统

驾驶舱风挡加温系统采用周期作用的电加热系统，由加热元件、温度传感器和风挡加温控制装置组成。加热元件布置在左/右风挡，由三层相互绝缘的部件组成，在中间胶结层内部配置了两个温度传感器，一个用于正常工作，一个备用。风挡加温控制装置安装在 8 号隔框的地板下，用于实现风挡加热控制，保证风挡加温系统的三种工作模式：自动控制、手动控制和自检。风挡加温装置可保证在加热情况下，温度传感器电阻值从（144±0.5）Ω 到（146±0.5）Ω 变化，风挡温度在正常范围内变化。

　　风挡加温系统处于自动控制模式，可在弱、强两种模式下实现风挡加温控制。正常接通时，风挡防冰系统在弱加热的模式下进行，当出现结冰条件时，则从弱加热模式自动转换到强加热模式。在弱加热模式下风挡加热元件接通 115V 电压，在强加热模式下则接通 200V 电压；手动控制模式：仅在强加热模式下实现风挡加温控制；自检模式：可实现风挡加温控制装置正常、风挡加温装置输出端的三个相位电压为 115/200V、加热元件和温度传感器的电源电路短路或断路三种情况的检测。

　　风挡防冰系统的基本方式是自动控制，在自动控制方式下风挡加温“弱加温”接通，温度传感器的电阻增加，当传感器的电阻值增加到（146±0.5）Ω 时，控制装置断开风挡加温。在风挡冷却情况下，温度传感器的电阻减小，当传感器电阻值降低到（144±0.5）Ω 时，风挡加温控制装置重新接通风挡加温，保证始终处于循环加温状态。

　　当风挡出现结冰情况时，自动转换到“强加温”方式。如果风挡在“弱加温”的加温不少于 5min，或是温度传感器的电阻值处于（140±0.5）Ω 至（144±0.5）Ω 这一范围内时，转换到“强加温”方式的同时还会出现结冰信号。当退出结冰区域时，风挡加温转换开关接通“弱加温”方式。

　　如果温度传感器电阻值大于 140Ω，或是在“弱加温”状态中的加温超过 5min，那么，在手动状态位置安装了控制转换开关的情况下，风挡加温立刻接通到“强加温”状态。

　　自动控制位置安装了控制机构转换开关，当防冰系统监控按钮按下，风挡加温防冰系统在监控状态下工作。在防冰系统工作正常的情况下，在 30s 内左右显示面板开始点亮并显示。防冰系统显示面板指示灯熄灭后，风挡进入自动控制状态。

　　风挡加温控制装置在以下情况会自动断开风挡加温：

　　（1）加温元件短路或是加温元件供电电路的三段中的任意一段短路；

　　（2）温度传感器的电阻值大于 152Ω（风挡过热）；

　　（3）温度传感器的电阻值大于 175Ω（温度传感器断路）；

　　（4）温度传感器的电路电阻值小于 85Ω（短路）；

　　（5）风挡第二段加温元件中电流额定值不对应或是没有电流额定值；

　　（6）风挡加温控制装置出现故障。

　　在系统无故障的情况下，“防冰系统风挡左右按钮”的显示面板指示灯点亮并显示正常。

5.1.2.6　结冰探测系统

　　结冰探测系统采用由感应式元件和电子元件两个功能元件组成的结冰信号器。其中感应式元件由法兰盘、处于气流中的带有连接灵敏元件（膜片）的可移动的导管、加热器和带有正温系数的电阻器以下部分组成。

　　结冰信号装置的电子元件接收并处理所有的输入信号，然后形成输出信号，可提供连续的自动自检，在电源电压短时间内断开情况下，可持续工作时间不少于80ms。

　　结冰信号器控制包括电气控制和远距离控制。电气控制系统保证手动控制左右独立的信号装置、信号发出后自动接通机体、发动机、螺旋桨以及风挡的防冰系统、信号器良好状态下信号和检查。

　　传感器输出的信号频率来自冰层厚度感应元件——膜片。当振动器信号器接通时开始进行振荡，确定自身刚度的频率。出现的结冰增加了振动器的刚性，导致振荡频率加大。信号从感应控制设备发出，进入电子元件，在其进行信号频率和冰的检测极限值比较，然后存放在电子元件存储器。当冰的厚度相应地达到信号装置的敏感度约0.5mm时，电子元件发出信号后接通；当频率传感器加热接通，其输出信号开始从传感器温度关系曲线上发生变化，对冰探测临界水平的精确性发生影响。这种影响由电子元件根据电阻信号进行电阻补偿和传感器温度检测。在飞行前必须做好结冰信号器的拨动开关接通"右接通""左接通"。为了检测信号器故障，在控制台设置检测按钮"左检测""右检测"。当结冰信号器故障时，信号灯"左故障""右故障"点亮。

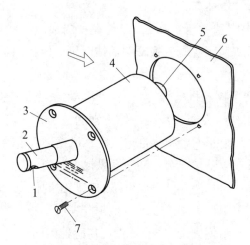

图 5-4　结冰信号装置原理图

1—膜片；2—信号器感应分组件；3—安装座；4—带有电子元件外壳；
5—电接头；6—飞机蒙皮；7—螺钉

5.1.3　系统性能

5.1.3.1　机翼防冰系统

　　机翼防冰系统数据如下：

　　（1）每台发动机引气流量：900 kg/h；

　　（2）单发停车情况下发动机引气流量：1800 kg/h。

　　地面空气参数如表 5-1 所示。

表 5-1　地面空气参数

序号	范围	温度 /℃	压力 /MPa（kg/cm²）
1	发动机引气凸缘	160 ~ 290	0.559 ~ 0.922（5.7 ~ 9.4）
2	压力调节器出口	160 ~ 290	0.353（3.6）
3	循环阀门入口	230	0.255（2.6）

按照标准条件下（$t=0℃$，$H=0$），双发正常工作且在状态 0.4 时，持续时间最长时地面循环周期的空气流量计算如表 5-2 所示。

表 5-2　空气流量计算

序号	区域	空气流量					
		根部循环（半翼）		中部循环（半翼）		外部循环（半翼）	
		kg/h	kg/s	kg/h	kg/s	kg/h	kg/s
1	悬臂	73		73		785	
2	中间翼	73		784		73	
3	翼根	651		83		33	
4	单发机翼引气	797	0.22	890	0.25	891	0.25
5	进气道 / 空气滑油散热器	90 kg/h=0.025 kg/s					
6	总引气量		0.25		0.28		0.28

5.1.3.2　发动机短舱防冰系统

发动机短舱防冰系统数据如下：

（1）压力不小于 280kPa；

（2）温度正常：200℃，最高：232℃。

5.1.3.3　尾翼除冰系统

尾翼除冰系统数据如下：

（1）周期作用的尾翼电热防冰系统，供电电源：交流电。

（2）工作的额定电压为 115V，频率为 320 ~ 480Hz。

（3）加热元件表面温度：在除冰工作期间，环境空气温度为 5 ~ 30℃，表明温度不会加热到 190℃。

5.1.3.4　螺旋桨整流罩和发动机的螺旋桨防冰系统

螺旋桨整流罩和发动机的螺旋桨防冰系统数据如下：

（1）除冰循环周期为 20 ~ 60s。

（2）根据环境空气温度，自动控制装置自动调节防冰系统循环周期。

5.1.3.5 风挡加温系统

风挡加温系统数据如下：

直流电源电压：24 ~ 30V；

功率：不大于 30W。

交流电的三相电源电压：

单相：108 ~ 119V；

线相：195 ~ 205V；

频率：340 ~ 510Hz。

区域内的额定整流电流：

弱加温区域：1.15 ~ 2.35A；

强加温区域：1.9 ~ 3.8A；

连续工作时间：10h。

5.1.3.6 结冰探测系统

结冰探测系统数据如下：

电源电压：

– 额定电压：24 ~ 30V；

– 容许电压：18 ~ 32V；

– 在不大于 100ms 时间内的最大容许电压：46V。

使用的最大电流：

– 用于感应控制装置加温：14A；

– 用于电子元件工作：0.25A。

感应控制装置加温情况下使用的功率：

– 额定功率：300W；

– 最大功率：400W。

电子元件工作时的使用功率：8W。

灵敏度（冰的对比厚度）：0.5mm。

除冰时间：不大于 30s。

接通防冰系统和结冰信号灯的信号清除的延迟时间：（120 ± 5）s。

连续工作时间：无限。

5.1.4 系统设计特点

5.1.4.1 机翼防冰系统

（1）结冰防护区域是机翼前缘缝翼。

（2）机翼热气防冰系统是循环工作的，如此设计是为了：

①减少引气量以降低能耗，从而提高经济性；

②防止形成冰瘤，为了保证系统连续工作。

5.1.4.2　发动机短舱防冰系统

同机翼防冰系统。

5.1.4.3　尾翼除冰系统

（1）结冰防护区域是水平安定面和垂直安定面；

（2）尾翼电热除冰系统是周期工作的。

5.1.4.4　螺旋桨整流罩和发动机的螺旋桨防冰系统

螺旋桨整流罩和发动机的螺旋桨防冰系统采用电加热周期除冰。

5.1.4.5　风挡加温系统

风挡加温系统采用电加热周期除冰。

5.1.4.6　结冰探测系统

在机头左右两侧布置两个独立结冰信号器，对称安装。

5.1.5　历史事故

AH-140 型飞机没有结冰导致的事故。

5.2　ARJ21-700

5.2.1　飞机概况

ARJ21-700 型飞机是中国研制的双发中、短航程新型支线客机。ARJ21 是英文"Advanced Regional Jet for the 21st Century"的缩写。

ARJ21-700 型飞机是 ARJ21 客机系列的基本型，采用双圆剖面机身、下单翼、尾吊两台涡扇发动机、高平尾、前三点式可收放起落架的基本布局，以及超临界机翼和一体化设计的翼梢小翼。其客运基本型布局为混合布局 78 座，全经济型布局 90 座。为适应不同地区、不同航线结构对支线飞机的要求，基本型具有标准航程型（STD）和加大航程型（ER）两种构型。

5.2.2　系统说明

ARJ21-700 飞机的结冰防护系统主要由机翼防冰系统、发动机进气道前缘防冰系统、风挡加温系统、总温传感器防冰系统、全静压探头防冰系统、失速保护系统防冰、水系统排水防冰系统和结冰探测系统组成。除机翼、发动机进气道前缘采用热空气防冰外，其他均采用电防冰。系统具有结冰探测功能，在探测到结冰时及时给机组人员提示信息。ARJ21-700 飞机防冰区域示意图如图 5-5 所示。

5.2.2.1　机翼防冰系统

机翼防冰系统主要由机翼防冰单向阀门、防冰系统限流文氏管、机翼防冰阀门及位于机翼前缘缝翼的笛形管、T 形伸缩管和防冰供气总管等组成。

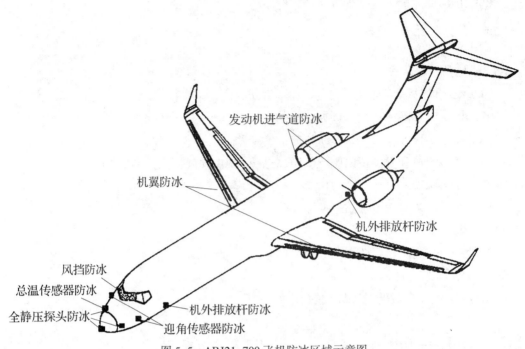

发动机进气道防冰

机翼防冰

机外排放杆防冰

风挡防冰

总温传感器防冰

全静压探头防冰

机外排放杆防冰

迎角传感器防冰

图 5-5　ARJ21-700 飞机防冰区域示意图

当位于驾驶舱外机身蒙皮上的结冰信号传感器表面有冰形成时，会向飞行员发出提示信息，飞行员根据结冰情况，手动打开机翼防冰系统。此时综合空气控制器指令发动机引气系统自动改变引气构型，提高压力调节 / 关断阀门的出口压力，使其满足空调及机翼防冰系统的用气要求。热空气由预冷器下游同时进入两侧机翼防冰系统，并经防冰单向阀门、防冰系统限流文氏管、机翼防冰阀门的调节后供入机翼前缘防冰管路，以满足其防冰所需的空气温度和热流密度的要求。机翼防冰系统的工作原理图如图 5-6 所示。

机翼防冰系统设计主要有三个特点：

（1）机翼防冰系统的流量平衡

为保证飞机两侧机翼防冰系统控制的同步性，系统通过机翼防冰压力传感器（AIPS）、防冰流量传感器（AIFS）及流量测量文氏管（AIFSV），同时控制两侧翼防冰系统的供气压力和流量，并使其相等。

（2）机翼防冰系统的控制与保护

防冰系统的控制面板，正常位 "NORMAL" 时，系统从左 / 右侧发动机同时引气，当左发或左压力调节 / 关断阀门故障时，系统选择 "FROM RIGHT" 引气，反之亦然。当机翼结冰，飞行员按下 "WING A/I ON" 按钮时，系统进入自动监控运行状态。通过安装在供气管路上的引气温度传感器（BTS）监控供气温度，当其值低于 150℃时，系统向飞行员发出提示信息，使其增大油门以提高供气温度。当告警信号消除后方可进入正常操作状态。防冰系统所有传感器数据及开关信号均送入综合空气控制器，以便监控系统运行状态，及时发出 CAS 信号，并提供必要的维修信息。防冰系统控制面板如图 5-7 所示。

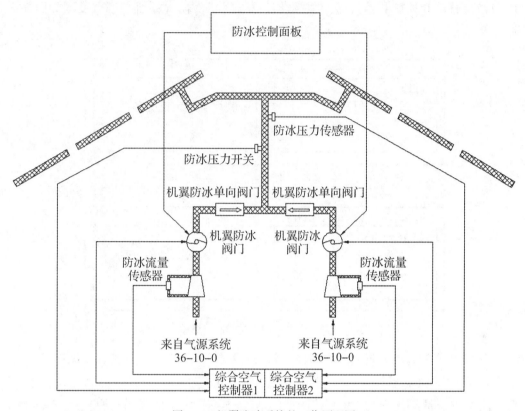

图 5-6 机翼防冰系统的工作原理图

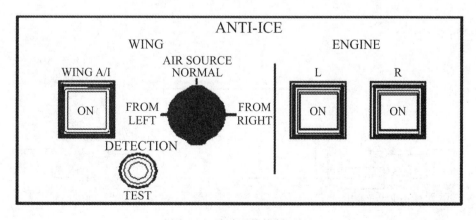

图 5-7 防冰系统控制面板

（3）机翼防冰故障模式下的系统重构

机翼防冰系统（AI）完全由综合空气系统控制器控制，每一个综合空气系统控制器（IASC）控制和监测相应一侧的机翼防冰系统，如 IASC#1 控制 AI#1；IASC#2 控制 AI#2，通道 B 控制和监测整个机翼防冰系统，机翼防冰系统控制余度图如图 5-8 所示。

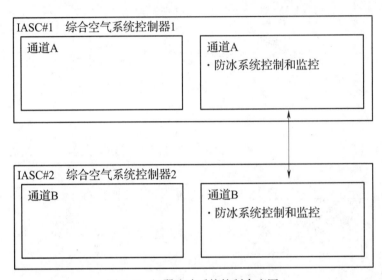

图 5-8　机翼防冰系统控制余度图

当左侧或右侧机翼防冰阀门故障时，综合空气控制器的通道 B 根据防冰阀门上微动开关的接触情况自动检测其故障状态，并向 EICAS 发出防冰系统故障信息，此时飞行员必须根据 EICAS 简图页（见图 5-9）显示情况手动改变引气系统构型。

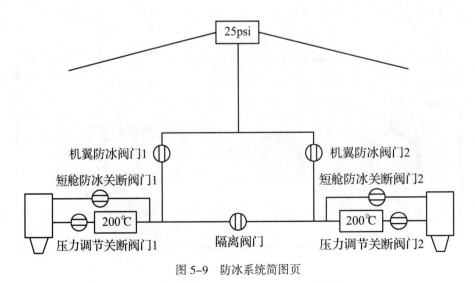

图 5-9　防冰系统简图页

当飞行员接收到飞机结冰告警信息后，应立即接通按压式开关"WING A/I"至"ON"，开始对机翼前缘缝翼防冰或除冰。当飞机结冰告警信息消失后，确信飞机已飞离结冰区，则应将按压式开关"WING A/I"按出（关闭机翼防冰）。

当引气温度低于150℃时，温度低警告信号发送给飞行员，飞行员采取提高发动机推力的方法提高引气温度，保证防冰所需的空气温度；如果警告信号持续存在，则关闭发动机引气系统。

当一侧机翼防冰阀门故障时，另一侧机翼防冰阀门为左右机翼防冰管路供气。机翼防冰阀门在故障时处于关闭状态。

机翼防冰系统监控和告警在EICAS上显示，防冰系统简图页（见图5-9）显示下列内容：

- 压力调节与关断阀门的位置；
- 隔离阀门的位置；
- 机翼防冰阀门的位置；
- 引气压力和温度的实际值；
- 短舱防冰阀门的位置。

5.2.2.2　发动机短舱防冰系统

发动机短舱防冰系统由一个短舱防冰阀门、一个压力传感器、过压口、分配导管和文氏管组成，这些附件安装在发动机风扇区和进气道内。

当在结冰条件飞行时，结冰探测器发出结冰告警信号，飞行员手动操作打开左右发动机防冰开关，来自引气系统经温度和压力调节的热空气供入左、右发动机短舱防冰系统。经温度和压力调节的热空气分别通过两个发动机防冰关断阀门和两个发动机防冰压力传感器后，进入发动机短舱笛形管内，对发动机短舱进气口前缘蒙皮进行加热，防止冰的形成或结冰后融冰。发动机短舱防冰系统的工作原理图如图5-10所示。

发动机短舱防冰系统控制面板位于驾驶舱顶部操纵面板上。

当飞行员接收到飞机结冰告警信息后，应立即接通按压式开关"ENGINE L"和"ENGINE R"至"ON"，开始对左右发动机进气口前缘防冰或除冰。当飞机结冰告警信息消失后，确信飞机已飞离结冰区，则应将按压式开关"ENGINE L"和"ENGINE R"按出。

当引气温度低于150℃时，温度低告警信号发送给飞行员，飞行员采取提高发动机推力的方法，提高引气温度，保证防冰所需的空气温度；如果告警信号持续存在，则关闭发动机引气系统。短舱防冰关断阀门仅为相应的发动机短舱防冰系统供气，故障时处于打开状态。

发动机短舱防冰系统监控和告警在EICAS上显示，防冰系统简化页显示内容如图5-9所示。

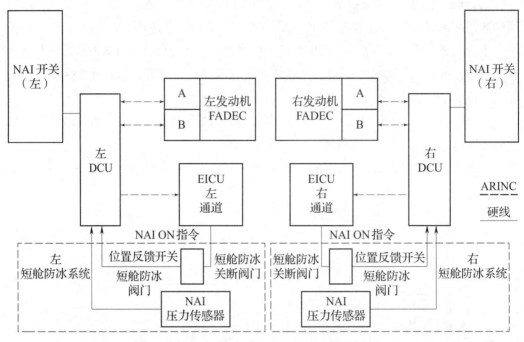

图 5-10 发动机短舱防冰系统的工作原理图

5.2.2.3 风挡加温系统

风挡加温系统为驾驶舱前风挡提供防冰和防雾功能，为通风窗提供防雾功能。风挡加温系统分为左、右相同的两个系统。每个系统分别控制相应一侧的风挡和通风窗的加热。每个风挡加温系统由嵌在玻璃内的导电膜加温元件、风挡温度传感器、风挡加温控制器、加热控制开关以及供电和控制线路等组成。风挡加温系统的工作原理图如图 5-11 所示。

每个风挡加温控制器有两个控制通道，可以同时分别控制两个窗户的不同加热温度。WHC 具有自检测和故障报警能力，当系统工作出现故障时，可在驾驶舱 EICAS 上显示出故障信息。

驾驶舱内飞行员操纵板上的三位加热控制开关可以实现防冰系统"HIGH"（防冰）、"LOW"（除雾）和"OFF"三种工作模式。一个自检按钮开关 TEST 用于风挡加温系统自检。

5.2.2.4 风挡雨刷系统

风挡雨刷系统主要是在降雨天气，在飞机滑跑、起飞、进场和着陆期间为驾驶舱前风挡提供符合适航要求的局部清晰区域。风挡雨刷系统由风挡雨刷马达转换器、雨刷臂、雨刷刃、雨刷开关以及控制线路等组成。风挡雨刷系统的工作原理图如图 5-12 所示。

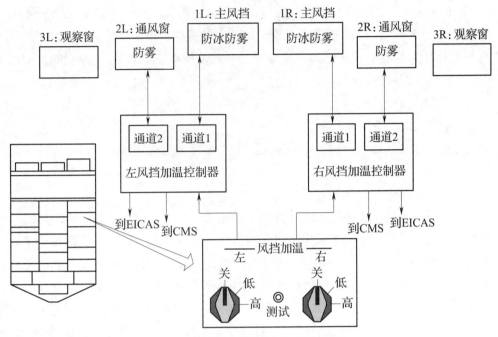

图 5-11　风挡加温系统的工作原理图

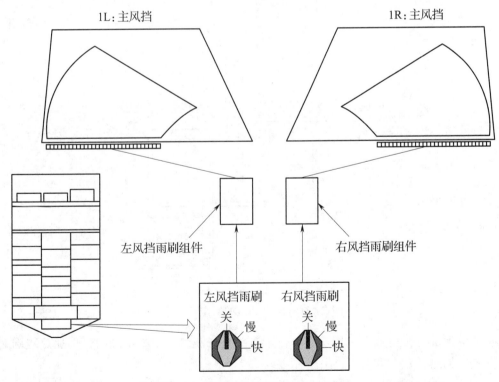

图 5-12　风挡雨刷系统的工作原理图

风挡雨刷系统分为左、右相同的两个系统，由左、右两个雨刷开关控制雨刷运动。雨刷的运动速度有高、低两挡。分别由驾驶舱顶部操纵板上的两个"OFF –LOW–HIGH"三个开关控制。当旋转开关处于"LOW"位置时，雨刷刃低速摆动；当旋转开关处于"HIGH"位置时，雨刷刃高速摆动；当旋转开关处于"OFF"位置时，雨刷刃将转动到停放位置后停止运动。

5.2.2.5　传感器防冰系统

（1）大气数据探头防冰系统

大气数据探头防冰系统包括全静压探头、总温传感器探头和迎角传感器探头防冰系统。

（2）总静压系统

总静压系统采用主备用方式来确保系统的正常工作，从而可靠地确定飞机的飞行速度和高度。总静压探头用来采集飞机相对气流的总压和静压，总静压探头采集的总静压供大气数据计算机使用，备用总静压探头为集成式备用仪表提供总压和静压。为了防止气流带来的水汽进入大气数据计算机内部和备用仪表内部，在每根总静压管路的最低处设有多个积水器，以收集积聚的冷凝水。总静压探头测得的大气压力的精度会直接影响大气数据计算机输出参数的精度。总静压系统的工作原理图如图5–13所示。

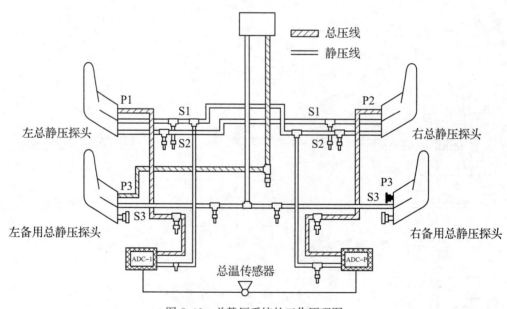

图 5–13　总静压系统的工作原理图

总静压探头（含两个备用探头）位于机头左、右侧。防冰措施为采用加热线圈对探头进行加热。

当飞机在飞行时，飞机周围的气流是被扰动的。飞机通过全静压探头测得的静压与远方未受扰动的静压是不同的，该误差被称为"静压源误差"。为了减小这个误差，需要特别的飞机构型（不同的迎角、马赫数、高度、空速等）来计算大气数据补偿曲线，并计算出补偿值，输入 ADC 进行软件补偿。

　　大气数据加热控制器安装在驾驶舱内，负责对总静压探头、备用总静压探头和总温传感器加热，防止结冰。加热控制按钮在顶部板上，该按钮在未被激活前，警戒灯（琥珀色）亮，提醒飞行员注意。左大气数据加热控制器由 L ESS DC BUS 供电，右大气数据加热控制器由 R ESS DC BUS 供电。顶部板上的加热控制按钮如图 5-14 所示。

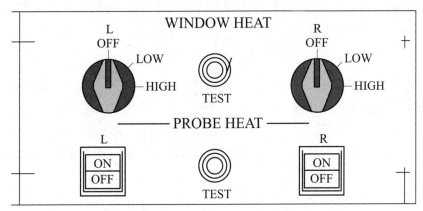

图 5-14　顶部板上的加热控制按钮

（3）总温传感器

　　总温传感器分别给左右大气数据计算机提供大气温度信息。总温传感器安装在机头右侧，采用内部布置的加热线圈对探头进行加热。

　　总温传感器提供大气总温和静温信号，供大气数据使用。

　　总温传感器有两个铂丝电阻，它们用于测量大气温度，且两个电阻各自连接到一个大气数据计算机上。

（4）空速管加温指示

　　当左右空速管加温系统开关在"断开"位置，则空速管加温开关"OFF"指示灯亮，颜色为琥珀色。

　　空速管加温开关在"接通"位置而任一个空速管加温元件不工作时，遮光罩上的主警戒灯亮，颜色也为琥珀色，CAS 信息显示在 EICAS 上。

　　在驾驶舱顶部的"WINDOW/PROBE HEAT CPA"上有左、右空速管加温系统工作指示灯。

（5）迎角传感器防冰系统

　　迎角传感器通过感受气流来测量飞机的迎角，传感器安装在前机身的两侧。传感器与失速保护计算机交联，将初级传感器数据处理成校正迎角并通过数据总线发送到航电系统的其他用户。失速保护系统原理图如图 5-15 所示。

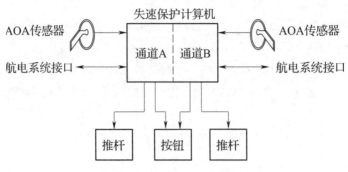

图 5-15　失速保护系统原理图

每个迎角传感器都有一个风标加热装置，当加热器接通时，整个加热装置都由失速保护计算机监控着，由失速保护计算机决定是否需要加热电流。在飞机制造过程中开始安装迎角传感器时，可以通过一系列的离散输入来校准迎角传感器。如果更换失速保护计算机，不需要对更换后的失速保护计算机重新进行校准设定。AOA/SPC 的安装如图 5-16 所示。

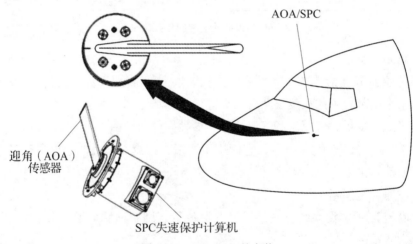

图 5-16　AOA/SPC 的安装

5.2.2.6　水系统排水防冰系统

为防止系统导管结冰，在导管的关键部位（就是容易结冰的部位）绕有电加温带，加温带电压为 115V 交流，以防冻结。

饮用水系统及其组件在所有气候条件下都能使用，当飞机停机处于地面冻结条件下，能加热防冰。供水管路及其组件能承受冰冻而不发生变形或损坏。

机外排放杆布置的位置，在设计时考虑了灰水排放时可能产生的结冰，冰不会甩向机腹或发动机。水系统排水防冰系统的工作原理图如图 5-17 所示。

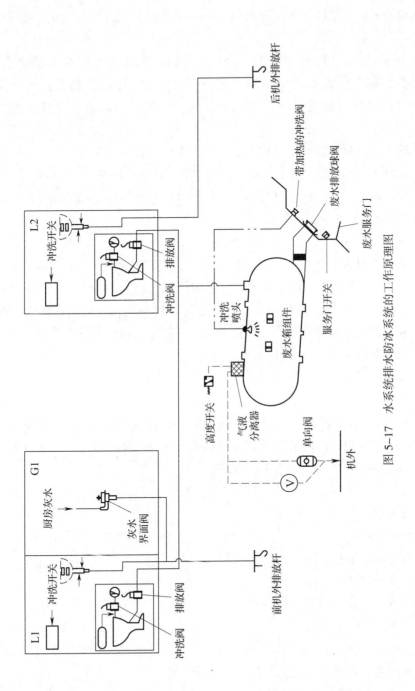

图 5-17　水系统排水防冰系统的工作原理图

5.2.2.7 结冰探测系统

结冰探测系统的功能是飞行中发现结冰气象条件，警告飞行员飞机已飞入结冰区，及时采取相应措施。结冰探测系统由位于前机身风挡下侧的两个独立的结冰信号探测器组成。

结冰探测器是飞机探测结冰的装置，其原理是当飞机在结冰条件下飞行时，结冰探测器的传感头的结冰厚度超过一定值时，传感头的振动频率发生较大变化，此时结冰探测器将结冰告警信号向飞行员发出，以警告飞行员采取防冰措施。

结冰探测系统具有足够的自检余度。当一个结冰探测器失效时，不能确保另一个结冰探测器能探测到结冰，机组人员可根据传统的气象标准来判断是否结冰。

当飞机在地面时，结冰探测器不能确保探测到结冰。结冰探测器探测到结冰后将信号发送到失速计算机和其他设备：

- 失速计算机 SPC 到主飞行显示器 PFD；
- 失速计算机 SPC 到数字计算机 DCU 再到发动机指示与机组告警系统 EICAS。

结冰探测器工作是自动的，无须人工控制，当飞机上电后，结冰探测器便自动接通。每个结冰探测器均有自检能力，按压防冰系统控制面板上的"DETECTION"的"Test"按钮，结冰探测器开始自动检测，如无故障，自检灯在几十秒内自动熄灭；如有故障，则自检灯常亮，告诫飞行员结冰探测器失效。当有一个结冰探测器失效时，该结果会在 EICAS 显示画面中显示提示信息，飞机能否派遣须根据系统严酷度来确定。

当飞机飞入结冰区后，结冰探测器就会发出结冰告警信号，该告警信号显示在 EICAS 告警主画面里，出现琥珀色"飞机结冰"信号，并闪烁伴有声音告警"飞机结冰"。当飞出结冰区后，上述告警信息消失。

当有一个结冰探测器失效时，该结果会在 EICAS 显示画面中显示提示信息。

5.2.3 系统性能

5.2.3.1 机翼防冰系统

机翼防冰系统数据如下：

压力：不小于 280kPa；

温度正常：200℃，最高：232℃；

正常最大流量：1648kg/h。

5.2.3.2 发动机短舱防冰系统

发动机短舱防冰系统数据如下：

压力：不小于 280kPa；

温度正常：200℃，最高：232℃；

正常最大流量：~ 1000kg/h。

5.2.3.3　防冰加热模式

（1）主风挡

加温功率：4000W；

加温控制温度：43℃；

过热保护温度：60℃。

（2）通风窗

加温功率：700W；

加温控制温度：32℃；

过热保护温度：60℃。

5.2.3.4　防雾加热模式

（1）主风挡

加温功率：2600W；

加温控制温度：32℃；

过热保护温度：60℃。

（2）通风窗

加温功率：700W；

加温控制温度：32℃；

过热保护温度：60℃。

5.2.3.5　风挡除雨系统

风挡除雨系统数据如下：

（1）雨刷刮刷速度

高速：（250±30）SPM；

低速：（165±25）SPM。

（2）雨刷停靠角度：0°；

（3）雨刷偏置角度：5°±1°（从停靠位置起）；

（4）雨刷刮刷角度：33°~37°（从偏置位置起）；

（5）雨刷载荷：36N。

5.2.3.6　大气数据探头防冰系统

传感器防冰系统数据如下：

（1）左总静压探头由 ESS 115V AC 3 PH BUS 供电，左备用总静压探头由 ESS 115V AC 3 PH BUS 供电，右总静压探头由 R 115V AC BUS 供电，右备用总静压探头由 ESS 115V AC 3 PH BUS 供电。

（2）总温传感器由 R AC BUS 供电，加热电源为 115V 的交流电源。

（3）左大气数据加热控制器由 L ESS DC BUS 供电，右大气数据加热控制器由 R ESS DC BUS 供电。

5.2.3.7　结冰探测系统

结冰探测系统数据如下：

（1）灵敏度：不大于 0.02in（0.508mm）积冰厚度。

（2）结冰告警信号发出后持续时间为（60±1）s。

（3）探测器具备加热功能，能够除去探测器上的结冰，加热时间不大于 30s。

（4）探测器能连续探测结冰。

（5）工作电压：22 ～ 30VDC，不进行加热除冰时，功率 ≤ 15W；加热除冰时，功率 ≤ 300W。

5.2.4　系统设计特点

5.2.4.1　机翼防冰系统

（1）结冰防护区域是机翼前缘缝翼。

（2）防冰措施：结冰探测器用于探测飞机结冰信息，并使用声光告警飞行员飞机结冰探测系统发现结冰，飞行员接通机翼防冰系统。

（3）使用的能源为发动机引出经压力、温度调节的热空气。

5.2.4.2　发动机短舱防冰系统

（1）结冰防护区域是发动机短舱进气道前缘。

（2）防冰措施同机翼防冰系统。

（3）使用的能源为发动机引出经压力、温度调节的热空气。

（4）短舱防冰关断阀门为相应的短舱防冰系统供气。它是一个气动驱动，电动控制故障失效在打开位的蝶阀。

5.2.4.3　风挡加温系统

风挡加温系统是由风挡加温控制器控制风挡玻璃温度。一块风挡由一台控制器控制。为了减少风挡加温的热冲击，风挡加温控制器采用预热加温控制方式，即输送到防冰风挡上的加热电功率按时段逐步增加的，直到风挡温度达到预定值时停止增大功率。在每个加温时段中通电加温是间断式的。这种加温方式大大减少了对风挡玻璃加温的强烈冲击，降低了风挡玻璃加温爆裂现象，延长了风挡使用寿命。

5.2.4.4　风挡除雨系统

安装有左右两套独立的风挡雨刷系统，在风挡左右两侧对称安装。

5.2.4.5　大气数据探头防冰系统

大气数据探头（总静压探头、总温传感器探头和迎角传感器）的防除冰措施都是采用加热线圈对探头进行加热，加热电源使用 115V 的交流电源。

5.2.4.6　水系统排水防冰系统

水系统排水防冰措施为电加热。为防止供水管路结冰，采用带电加热元件及温度控制的软管组件实现电加温保护。

5.2.4.7　结冰探测系统

在机头左右两侧布置两个独立结冰探测器，对称安装。

5.2.4.8　结冰探测灯

机翼及短舱探冰灯在机身两侧对称各安装一对，用于照明机翼前缘翼尖、短舱前缘及其邻近空间区域，观察结冰等情况，也可以用作地面服务照明，如图 5-18 所示。灯开关安装在驾驶舱顶部控制板上。

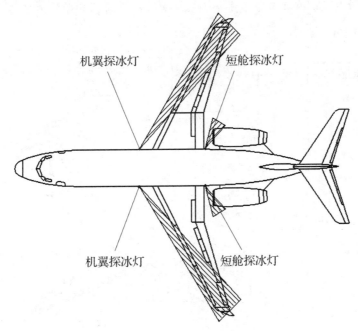

图 5-18　机翼及短舱探冰灯

5.2.5　历史事故

ARJ21-700 型飞机没有结冰导致的事故。

5.3　ATR-72

5.3.1　飞机概况

ATR-72 型飞机是法国与意大利合资的飞机制造商 ATR 公司研制的双螺旋桨支线客机。ATR 是法文和意大利文"区域运输机"（Avions de Transport Regional）的缩写语。

ATR-72 是 ATR 系列的 70 座级飞机，包括 ATR72-500，ATR72-600 等型机。该机经济性好，适应性强，能够在山区等条件较差的机场起降。ATR-72 型飞机的前身是 ATR-42，ATR-42 型飞机是 40 座级涡桨支线飞机，而 ATR-72 是 ATR-42 的加长型。与 ATR-42 相比，ATR-72 采用了轻质的结构设计、高效的巡航气动力和增升系统设计，采用两台普惠加拿大公司研发的 PW127F 发动机、六桨叶螺旋桨和大量复合材料，取消主襟翼前的导流片，发动机单台功率达到 2475 轴马力，机身加长 4.5m，机翼面积增加，载客人数 30 人左右。

ATR-72-500 是 ATR-72 系列的早期型号之一，采用上单翼 T 尾翼常规布局，起落架安装在机身中下部两侧。ATR-72-500 有两种形式，即基本型和增重型。ATR-72-600 型在 ATR-72-500 基础上，采用两台性能更优的 PW127M 发动机。

5.3.2　系统说明

ATR-72 型飞机防冰除雨系统主要由机尾翼除冰系统、短舱除冰系统、风挡加温系统和风挡除雨系统等组成，如图 5-19 所示。

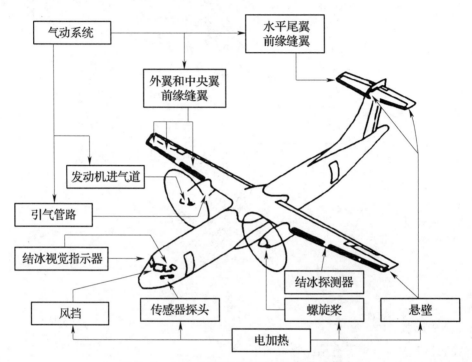

图 5-19　ATR-72 型飞机防冰除雨系统示意图

结冰探测器中央告警系统与 CCAS 连接，监控冰积聚情况，另外安装有一个结冰证据探测器用于直观指示冰积聚情况。

飞机结冰防护系统由热气防冰系统和电热防冰系统组成，热气防冰系统包括外翼和中央翼前线、水平尾翼前缘和发动机进气道和整流罩防冰系统，电加热除冰系统由结冰指示探头、风挡、传感器探头、螺旋桨叶片、结冰探测器和悬臂除冰系统组成，前风挡除雨采用风挡雨刷的方式实现。对于热气防冰系统，发动机提供的引气来自低压和高压除冰阀门；对于电加热，电源由机上交流电提供。

ATR-72 型飞机的机翼、尾翼和短舱采用气囊除冰系统，系统的主要部件有除冰气囊、除冰阀门、隔离阀门、分配阀门和管路等，如图 5-20 所示。

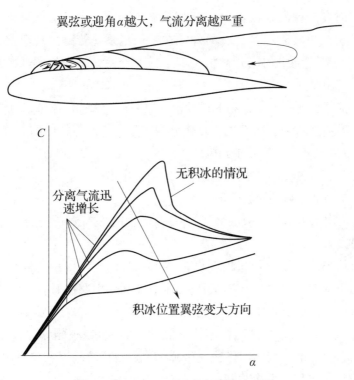

图 5-20　ATR-72 型飞机气囊除冰系统

5.3.2.1　气动除冰系统

翼面结冰防护系统由机翼 / 尾翼气动除冰系统、悬臂电防冰系统组成，通常仅在结冰条件下对机翼 / 尾翼和悬臂进行除冰，用来除去翼面结冰和防止机翼结构与操纵面的活动件之间结冰，且在地面可通过地面动力装置提供必要的电源和气源来对系统进行测试。

（1）翼面除冰系统

翼面除冰系统采用来自发动机压气机的引气交替对并排安装的气动除冰套 A 和 B 充气，以达到除冰的目的。通过复式分配阀门来将发动机引气分配到除冰套。若需要，则除冰系统气源可由一台发动机提供。

气动除冰系统由多功能计算机（MFC）、压力调节关断阀门、复式分配阀门、压力开关、气动除冰套、水分离器、自动排水、关断阀门和过热开关等组成。其中：

①多功能计算机（MFC）用来控制和监测所有系统，以及周期性循环气动除冰装置。

②压力调节关断阀门用来调节发动机引气压力，以及在应对着火或按下"AFR AIR BLEED"按钮开关时隔离系统。

③复式分配阀门根据由多功能计算机产生的正常周期和长周期来轮流地为气动除冰套 A 和 B 分配引气。

④压力开关用来指示系统中供给气动除冰套的引气的任何压力的下降。

⑤关断阀门在出现发动机着火、机翼系统和发动机系统引气管路泄漏或破裂时用来隔离发动机或机翼除冰系统；另外，在发动机系统管路出现泄漏或破裂时，它也使得在隔离一台发动机的同时，仍可利用另一台发动机为机翼系统提供引气成为可能。

⑥气动除冰套通过除冰套 A 和 B 的轮流膨胀来崩开表面的结冰。

⑦水分离器用来除去除冰系统中复式分配阀门上游的引气中的湿气（通过把水和空气分离），分离出来的水然后排到机外。

⑧自动排水系统在较长时间内未增压时，用来排出冷凝水。

⑨过热开关用来探测供气温度过高。

⑩压力开关用来指示系统中供给气动除冰套的引气的任何压力的下降。

压力开关探测以下压力：

● 在压力增加的过程中，当 $P=(117\pm6.9)$ kPa 时，A 和 B 电路接通。

● 在压力下降的过程中，当 $P=93.1$ kPa 时，A 和 C 电路接通。

从发动机压气机引出高压的热空气，经过除冰阀门后，将压力调整到 140kPa，然后分为两路，一路流经分配阀门供给短舱除冰，另一路经过隔离阀门后左右引气混合，分为三路，分别由分配阀门供往左机翼除冰、右机翼除冰和水平尾翼除冰。每一个分配阀门有一个进口，两个出口。这两个出口分别供往每个气囊的 A、B 通道，如图 5-21 所示。

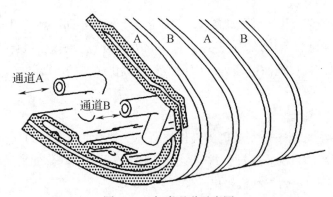

图 5-21　气囊通道示意图

在正常工作模式下，气囊除冰分为两种状态，当环境温度高于 -20℃ 时，采用 1min 的除冰周期；当环境温度低于 -20℃ 时，采用 3min 的除冰周期。在这两种模式下，气囊膨胀一次的时间均为 5s，其工作顺序为：

①左右短舱除冰气囊的 A 通道；

②左右短舱除冰气囊的 B 通道；

③左右机翼外侧除冰气囊的 A 通道；

④左右机翼外侧除冰气囊的 B 通道；

⑤左右机翼内侧除冰气囊的 A 通道；

⑥左右机翼内侧除冰气囊的 B 通道；

⑦水平尾翼除冰气囊的 A 通道；

⑧水平尾翼除冰气囊的 B 通道。

（2）悬臂防冰系统

悬臂防冰系统由防冰控制器和防冰悬臂组成。防冰控制器用来控制和监测悬臂防冰。防冰悬臂用来为容易妨碍操纵面自由活动的区域提供防冰。

（3）备用气动除冰系统

备用气动除冰系统由与正常除冰设备相连的除冰装置组成。备用除冰系统的设计是用来作为多功能计算机（MFC）失效的补充。在正常除冰系统失效的情况下，备用除冰能够保证整个机翼和发动机进气道的除冰不失效，且可以控制和检查所有系统及除冰循环周期。

5.3.2.2　发动机短舱防冰系统

发动机气动除冰系统由 M.F.C.、复式分配阀门、压力调节关断阀门、关断阀门、气动除冰套、水分离器、排水阀门、过热开关、压力开关等部件组成。

正常除冰：在遇到结冰条件时，进行发动机除冰。采用引气来使得气动除冰套膨胀，除去结冰。引气来自发动机压缩机。通过复式分配阀门来把引气分配到除冰套。如果发动机系统的管路出现失效或泄漏，那么可使用两个关断阀门来维持每个进气道的供气。

备用除冰：备用除冰的设计仅作为除冰系统失效的补充。如果正常除冰失效，可确保整个发动机的除冰。

5.3.2.3　风挡加温系统

风挡加温系统采用电加热形式为主风挡和侧风挡防冰除雾，风挡加温系统包括左风挡加温子系统、右风挡加温子系统和左/右侧风挡加温子系统。风挡加温系统为驾驶舱主风挡提供结冰防护，同时为主风挡和侧风挡内表面除雾，为飞行人员提供清晰的视界，系统设计避免单个失效导致的视界丧失，确保飞机飞行安全。

左/右前风挡加温子系统包括：

（1）两个加温元件（左/右风挡各一个）；

（2）三个温度传感器（正常、超温和备份）；

（3）两个左/右风挡温度控制器；

（4）两个 WINDSHIELD HTG 左/右按钮开关；

（5）一个 WSHLD HTG/PTT 开关位于右维护面板上。

左/右侧风挡加温子系统包括：

（1）两个侧风挡加温元件（左/右侧风挡各一个）；

（2）左/右侧风挡各两个温度传感器（其中一个作为备份）；

（3）两个金属氧化压敏电阻（左 / 右侧风挡各一个）；

（4）安装在机组舱顶控板上的一个 SIDE WINDOWS 按钮开关；

（5）两个侧风挡主继电器；

（6）两个侧风挡功率继电器；

（7）安装在右电子机柜上机组舱的两个多功能计算机负责监控。

左 / 右侧风挡加温子系统电源包括左、右侧风挡加温元件 28VDC 供电。

5.3.2.4　风挡除雨系统

风挡除雨系统能够在降雨气象条件下，在飞机滑跑、起飞、进场和着陆期间，除去两块驾驶舱主风挡上的雨水，为飞行员提供清晰的视界，确保飞机的飞行安全。

风挡除雨系统由左、右两个独立的风挡雨刷子系统组成，左、右风挡雨刷子系统完全对称，而且操作互相独立。每一块驾驶舱风挡对应一个风挡雨刷子系统。风挡雨刷有两个工作模式，分别为"快"和"慢"，由位于风挡除雨系统控制面板上的风挡雨刷控制开关来控制。

当风挡除雨系统处于"低速"工作模式时，风挡雨刷以（80±8）个循环 /min 的速度连续地除去驾驶舱风挡上的雨水；当风挡除雨系统处于"高速"工作模式时，风挡雨刷以（130±13）个循环 /min 的速度连续地除去驾驶舱风挡上的雨水。

风挡雨刷系统包括：

（1）两个 CAPT 和 F/O 电动风挡雨刷子系统，分别包括电动机构、机械转换器、刷臂和刷片。

（2）两个 CAPT 和 F/O WIPER 三位控制开关"快""慢"和"关"。

（3）每个电动机都是采用永磁电机：低速时转速：6100 RPM（1±10%），高速时转速：9000 RPM（1±10%）。

5.3.2.5　结冰探测系统

结冰探测系统包括结冰探测器（1个，见图 5-22、图 5-23）、结冰视觉提示器（1个，见图 5-24）、防冰咨询系统（AAS）、多功能计算机 MFC（2个）和飞机性能监测系统（APM）。该系统用于帮助飞行员探测结冰条件，结冰探测的主要方式是由机组视觉观察冰积聚。

（1）结冰探测器

结冰探测系统与多功能计算机（MFC）连接，飞机一上电即开始运行。位于左机翼下面的结冰探测器（见图 5-25），只要感应到结冰积聚，中央面板上的 ICING（结冰）琥珀色灯燃亮发出告警信号。结冰探测器的感应元件通过磁致伸缩原理探测结冰条件。探测器本身有一轴向振动频率（大约 40kHz），当冰积聚在感应元件上时，由于增加的冰积聚的质量降低了元件的共振频率，如果频率降至 39867Hz 以下，结冰探测系统发出结冰警告信号（见图 5-25），信号持续 60s，并传送至飞行数据采集单元。

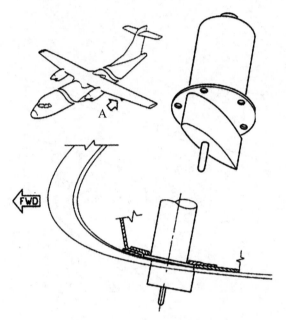

图 5-22　ATR-72 结冰探测器安装位置

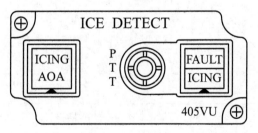

图 5-23　ATR-72 结冰探测系统控制面板

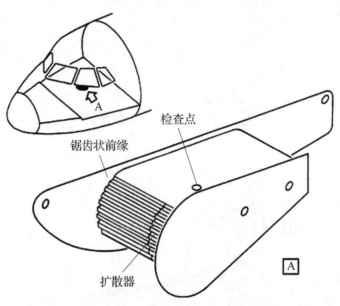

锯齿状前缘

检查点

扩散器

A

图 5-24 ATR-72 结冰视觉提示器安装位置

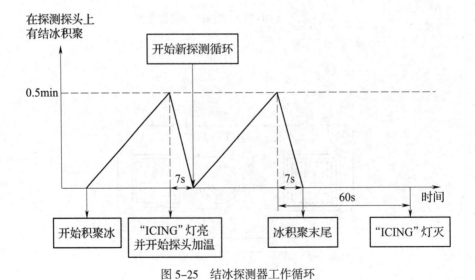

图 5-25 结冰探测器工作循环

结冰探测器探针内有加热器用于除去探针表面的冰，加热时间取决于结冰速率，一般为 5 ～ 7s。若加热器加热 15s 仍未溶解冰，结冰探测器振动频率仍低于 39867Hz，加热器停止加热，警告信号断开，发出故障信号。

结冰探测器包含内部电路和告警电路检测系统，每隔 60s 便对自身电路进行完整地检测。

当飞机处于结冰条件时，ICING（结冰）灯灭，并不能表明飞机上不存在结冰。因此，脱离结冰条件后，必须进行目视检查，以确保飞机上不存在冰。

（2）结冰视觉指示器

结冰视觉指示器位于靠近驾驶舱左侧风挡处，两位驾驶员均可见。在成形金属块上部的指示灯可以用来检查光源是否正常。在结冰飞行情况下，结冰视觉指示器前缘上的冰积聚遮盖了光源，进而可目测结冰情况。

（3）防冰咨询系统

防冰咨询系统包括两个多功能计算机（MFC），用于保证故障信号的获取和管理，并产生相关的听觉和视觉警告。在巡航和起飞过程中探测到冰积聚时，防冰咨询系统发出信号至飞机数据采集单元（FDAU），降低失速警告临界值，可通过 ICING AOA 按钮开关告知飞行员警告触发临界值降低；当探测不到冰积聚时，告知飞行员解除除冰系统的工作。

（4）飞机性能监测

飞机性能监测（APM）功能已被整合到多用途计算机（MPC）中。飞机在结冰条件下（即 ICING AOA 指示灯燃亮和 / 或选择了机身除冰和 / 或已经探测到冰积聚）进行 APM 分析。在爬升巡航和降落过程中，起落装置和襟翼收起的情况下，一旦飞机进入结冰条件，进行阻力分析。只有在两个发动机均在运行时才能进行 APM 分析。

APM 分析原理是将飞机的理论阻力与根据 FDAU 和 ASCB（飞行数据采集单元）中可得的测量参数计算得出的"飞行阻力"进行比较。两个发动机在最大巡航功率时，通过比较最低时间模式测定的 IAS（指示空速）和理论最大巡航 IAS_{th} 进行巡航速度的监测。

根据巡航时测定 IAS 和理论 IAS 的速度差异，计算阻力与理论阻力差异，不同的报警信息会传送至飞行员（如果静温超过 10℃，告警信息不会传输）。

① "CUISE SPEED LOW"灯燃亮：仅在巡航时出现，以告知飞行员异常阻力增加导致的速度下降。

② "DEGRADED PERF"灯燃亮，伴随"CAUTION"灯燃亮和单谐音：巡航时"CRUISE SPEED LOW"灯燃亮之后或爬升时发生，用于告知飞行员异常阻力增加引起的速度下降或爬升时的速度损失。

③ "INCREASE SPEED"灯燃亮并闪烁，伴随"CAUTION"灯燃亮和单谐音："DEGRADED PERF"灯燃亮之后出现，用于告知飞行员阻力异常大，或是 IAS 低于"RED BUG + 18.52km/h"的情况。

5.3.3　系统性能

5.3.3.1　机尾翼防冰系统

机翼防冰系统数据如下：

（1）调节出口压力：（140±5）kPa。

（2）当引气温度大于（230±11）℃时，接通。

（3）当空气温度降到（207±12）℃时，断开。

悬臂除冰系统数据如下：

（1）电源：115 VAC。

（2）最低悬臂温度为10℃，以防止任何的冰积聚。

备用除冰系统数据如下：

（1）使用12位的旋钮开关，备用除冰控制单元每分钟向所有的螺线管阀门提供28 VDC 5S（备用模式）。

（2）用来监测发动机进气道除冰套膨胀顺序（正常模式）。

（3）控制单元包括两个测试按钮开关，用来检查失效探测电路的正确运行。

（4）MFC有两个除冰周期：60s，SAT（静温）≥ −20℃；180s，SAT<−20℃。

5.3.3.2　风挡加温系统

风挡加温系统数据如下：

（1）前风挡：200VAC，外表面温度保持在1.6℃以上，内表面温度在21℃以上。

加温控制温度：（43.3±2.8）℃。

过热保护温度：（60±2.5）℃。

（2）侧风挡：28VDC，外表面温度保持在1.6℃以上，内表面温度在21℃以上。

加温控制温度：（39±0.5）℃。

过热保护温度：（54±3）℃。

5.3.3.3　风挡除雨系统

雨刷刮刷速度：

高速：（130±13）SPM。

低速：（80±8）SPM。

5.3.3.4　结冰探测系统

结冰探测系统数据如下：

（1）结冰探测器频率临界值39867Hz；

（2）结冰警告信号持续时间60s；

（3）结冰探测器加热器加热时间5～7s；

（4）结冰探测器检测时间间隔60s。

5.3.4　系统设计特点

5.3.4.1　机尾翼防冰系统

备用除冰系统的设计是用来作为除冰系统失效的补充。在正常除冰系统失效的情况下，备用除冰能够保证整个机翼和发动机进气道的除冰不失效。

每个复式分配阀门都由引射泵、压力限制器、两个压力开关和两个独立的系统 A/B 组成，其中两个独立的系统 A/B，均由一个充气阀，一个排气阀，一个螺线管阀组成。复式分配阀安装于机翼和尾翼，在每个复式分配阀门和除冰系统排水装置中都安装了电加热器。

5.3.4.2 结冰探测系统

（1）选用磁致伸缩式结冰探测器，利用冰积聚质量的增加对振动频率的影响探测结冰。磁致伸缩结冰探测器具有强度高、可靠性好、性能稳定等特点。结冰探测器自身带有自检功能，结冰探测器本身具有自我保护功能，若结冰探测器加热器加热 15s 仍未溶解探头上的冰，或探测器频率仍低于 39867Hz，加热器和警告信号断开，发出故障信号。

（2）防冰咨询系统在探测到冰积聚时，可以降低巡航和起飞时的失速警告临界值，告知飞行员警告触发临界值降低，引起飞行员注意，提高飞机在结冰条件下安全飞行的能力。

（3）飞机性能监测系统监测结冰情况下的飞机阻力以警告飞行员出现严重的结冰条件，同时监测巡航时的速度，在速度异常下降时警告飞行员出现结冰情况。

5.3.5 历史事故

（1）1994 年 10 月 31 日，美鹰航空 4184 号班机从印第安纳州印第安纳波利斯飞往芝加哥，班机在芝加哥国际机场外盘旋等待降落时，由于机身积冰导致飞机失速并往右倾斜，最终飞机连续翻滚并坠毁，机上 68 人全部罹难。

（2）2002 年 12 月 21 日，台湾复兴航空 791 号班机在飞行途中机翼严重结冰，于澎湖西南方约 17km 处坠海，两名机组人员罹难。

（3）2010 年 11 月 4 日，加勒比区域航空 883 号班机在执行海底太子港飞往古巴哈瓦那的航线时，在古巴圣斯皮里图斯省坠毁，61 名乘客和 7 名机组人员全部罹难。11 月 16 日调查当局公布最终结论：极端天气导致飞机机身结冰，加上机长的不适当操作，最终导致飞机坠毁。

（4）2012 年 4 月 2 日，俄罗斯优梯航空的 ATR-72-201 飞机由俄罗斯秋明飞往苏尔古特的航班起飞之后即坠机，机上 43 人中有 33 人罹难。俄罗斯洲际航空委员会于 2013 年 7 月 16 日发表了最终报告，报告认定事故造成的主因是飞机起飞前没有除冰，因为大气结冰失去爬升高度，结果飞机失速坠毁。

第6章　现役飞机防除冰技术演进分析

从上述章节可以看出，飞机的防除冰系统整体发展趋势是从简单到复杂，从手动到自动，从单安全裕度到多安全裕度。其中，俄制飞机和欧美制飞机在防除冰设计思路上有明显区别，且美制波音和欧制空中客车飞机防除冰细节上也有区别。

6.1　空中客车飞机

6.1.1　机翼防冰系统

该系统基本原理均使用发动机引气加热前缘缝翼的蒙皮，但系统的设计思路和构架有明显变化和改进。

（1）安全裕度

早期在 A300 上为了防止单点故障导致系统失效，单侧机翼防冰系统使用两组共 4 个机翼防冰阀门并联，且由机组人工选择使用哪组机翼防冰阀门，这种设计虽然提高了系统工作可靠性，但增加了机组的工作负担。

A320、330、340 以及 A350XWB 因为阀门可靠性的提升，每一路只使用一个机翼防冰阀门，节约了空间，减轻了重量。

A380 恢复了 A300 的设计，单侧并联两个机翼防冰阀门，由系统自动交替使用，相比 A300 的方法既提高了系统的可靠性又没有增加机组工作负担。

（2）自动、手动

最新的 A350XWB 机翼防冰系统可以自动打开和关闭，其他较早的空中客车飞机都只有手动模式。

（3）防护区域

A300 飞机的机翼结冰防护区域为 2 号和 3 号前缘缝翼；A320 为 3、4 以及 5 号前缘缝翼；A330 为 4、5、6 号以及 7 号前缘缝翼；A340 的 001–099 架机的机翼防冰区域为每侧机翼的 4、5、6、7 号前缘缝翼，101–199 架机的机翼防冰区域为每侧机翼的 3、4 号前缘缝翼；A380 为 4 号前缘缝翼；A350XWB 为 3、4 号以及 5 号前缘缝翼。

可以看出，随着对结冰机理理解的加深以及飞机气动外形设计的优化，空中客车飞机机翼结冰防护的发展趋势是防护区域越来越小，所使用能源需求也就越小。

6.1.2　发动机进气道防冰系统

（1）安全裕度

从 A300 到 A340，该系统基本保持稳定，都是在发动机引气口下游安装一个进气道防冰阀门，将热空气调压后喷射至进气道唇口蒙皮。

A350XWB 和 A380 则将调压功能升级为使用两个阀门。A350XWB 分别是压力调节断阀门和压力调节阀门，A380 分别是关断阀门和压力调节阀门。单个阀门故障不会导致系统失效，系统的可靠性得到了提升。

（2）自动、手动

最新的 A350XWB 发动机进气道防冰系统可以自动打开和关闭，其他较早的空中客车飞机都只有手动模式。

（3）喷嘴形式

从早期的 A300 下游只使用笛形管对热空气进行分配，A320 的不同架次混合使用了笛形管和喷嘴，到最新的 A380 和 A350XWB 只使用喷嘴。

喷嘴相比笛形管，可以使热空气在结构内做旋转运动，能更有效地加热唇口蒙皮。因此空中客车在新飞机里只使用喷嘴，基本舍弃了笛形管形式。

6.1.3　传感器防冰系统

A300 飞机的传感器防冰系统需手动开启，后续空中客车飞机全部升级为自动开启。

6.1.4　风挡加温和除雨系统

A300 飞机的风挡加温系统由左右两个按钮分别控制左右风挡加温的起动，后续空中客车飞机都改为 1 个按钮控制所有风挡玻璃的加温。

最新的 A350XWB 飞机的风挡除雨系统升级为 5 挡调速，其他空中客车飞机均是"快、慢"两挡调速。

6.1.5　结冰探测系统

A300 飞机没有结冰探测器，完全依靠机组目视观察。A320 飞机部分架次增加了结冰探测器。后续的 A330、A340、A380、A350XWB 均安装有结冰探测系统。

A300 飞机没有可目视的结冰指示器。A320 飞机部分架次增加了结冰指示器，后续的 A330、A340、A380、A350XWB 均安装有结冰指示器。其中 A320、A330、A340 是一个位于前风挡中间垂直于蒙皮的结冰探测棒，A350XWB 和 A380 升级为两个。A380 的两个结冰指示器位于前风挡的中间，分别指向机长和副驾驶；A350XWB 的两个结冰指示器分别位于两块风挡的下部。A350XWB 和 380 的设计更符合人机功效原理，易于机组观察到冰情。

6.2　波音飞机

6.2.1　机翼防冰系统

（1）自动、手动

波音 737、747、757 机翼防冰系统均只能手动开启，波音 767、777、787 则升级了自动打开和关闭功能。

（2）能源方式

除了波音 787 外，其他波音飞机机翼均使用热气防除冰。波音 787 "梦想" 飞机为多电飞机，飞机供电能力相比其他飞机大为增强。因此机翼防冰使用电加热除冰，相比热气除冰减轻了飞机重量。

（3）防护区域

波音 737、757、767、777 的热气防冰区域均为 3 段前缘缝翼，波音 787 为 4 段。波音飞机在机翼的热气防冰区域上，基本保持了稳定。

6.2.2　发动机进气道防冰系统

（1）自动、手动

波音 737、747、757 发动机进气道防冰系统均只能手动开启，波音 767、777、787 则升级了自动打开和关闭功能。

（2）安全裕度

除了波音 787 外，其他波音飞机的进气道防冰均只使用 1 个压力调节型阀门对系统的工作压力进行调节。

波音 787 升级为使用两个阀门双级调压，单一故障源不会导致系统失效。787 的压力调节关断阀门（PRSOV）是一个气动控制的蝶阀，将引气压力调节至 275kPa。压力调节阀门（PRV）也是一个气动控制的蝶阀，将引气压力调节至 207kPa。

6.2.3　传感器防冰系统

波音 737 的传感器防冰需手动开启。后续其他波音飞机都升级为自动打开。

6.2.4　风挡加温和除雨系统

波音飞机的风挡加温均使用 4 个按钮分别进行控制。除波音 777 之外，波音飞机的除雨旋钮均只有 "快、慢" 两个速度挡位。

6.2.5　结冰探测系统

波音 737 部分架次选装了结冰探测系统，波音 757 飞机没有安装该系统。后续其他波音飞机都安装了自动结冰探测系统。

6.3　支线飞机

6.3.1　机尾翼和发动机进气道防冰系统

AH-140 机翼和发动机进气道都使用热气进行防除冰，采用循环工作的方式，可减少引气量；尾翼则使用电加热进行除冰，采用周期加热的方式。

ATR-72 机翼和尾翼均使用气囊除冰；进气道正常模式为气囊除冰，备用模式下使用热气除冰，在正常除冰系统失效的情况下，可保证整个机翼和发动机进气道的除冰不失效。

ARJ21-700 飞机机翼和发动机进气道都使用热气进行防除冰，尾翼不防冰。

6.3.2　风挡加温系统

风挡加温系统均采用电加热方式，唯一的区别在于 ARJ21-700 飞机采用间断式加热的方式，以减少对风挡玻璃加温的强烈冲击，降低了风挡玻璃加温爆裂现象，延长了风挡使用寿命。

6.3.3　结冰探测系统

支线飞机均安装有结冰探测系统，特别是 ATR 系列还采用了防冰咨询系统、结冰视觉提示器和飞机性能监测系统，提高了飞机在结冰条件下安全飞行的能力。

6.4　欧制、美制、俄制防除冰技术对比

（1）空中客车飞机的机翼结冰防护区域从 A320 的 3 块前缘缝翼发展到 A380 的 1 块前缘缝翼；波音则始终保持 3 块或 4 块的前缘缝翼的结冰防护区域。可以看出，波音和空中客车的机翼气动外形设计存在区别，导致两者的结冰防护区域存在差异。

波音 787 飞机机翼采用电加热防除冰，同时结冰探测系统能够探测液态水含量。防除冰系统根据实际的需求进行功率调节，这是今后多电、全电飞机防除冰系统的发展趋势。

（2）空中客车的发动机进气道防冰系统从早期的 A300 使用笛形管，到最新的 A380 和 A350XWB 使用喷嘴，喷嘴形式可以让气流均匀，使热空气在结构内更好地循环，空中客车存在明显的技术更新换代；波音则全部使用笛形管。空中客车在此项技术上走在了波音前面。

（3）波音飞机的风挡加温全部使用 4 个按钮对 4 块玻璃分别进行控制，空中客车则全部使用一个按钮对所有的玻璃加温进行同时开启和关闭，两者的设计思路完全不同。波音给了机组更大的自主选择权，空中客车则优先考虑减轻机组工作负担。我国的 ARJ21 风挡加温的方案和波音飞机相似。

（4）所有欧制、美制、俄制飞机的机翼防冰都只使用一个"WING"按钮控制，发动机进气道防冰则是每个发动机分别设置一个"ENG"按钮进行控制。

这是因为机翼结冰对飞机的操纵影响很大，只设置一个按钮可以保证两侧机翼不会出现一侧除冰、另一侧未除冰。这种情况会导致飞机两侧机翼出现气动力不平衡，影响飞行安全。

发动机进气道结冰则对飞机气动影响较小，因此允许机组对每个发动机进气道防除冰分别进行控制，可以有效节约发动机引气量。

（5）波音飞机的除雨旋钮都只有"快、慢"两个速度挡位，空中客车最新的 A350XWB 飞机的风挡除雨系统升级为 5 挡调速。空中客车的最新设计能有效地提升机组雨天驾驶感受。

（6）波音飞机在防除冰系统的自动操作功能上，走在空中客车的前面。波音从 1982 年交付的波音 767 开始，机翼和发动机进气道防除冰都增加了自动打开和关闭功

能，空中客车则直到 2014 年交付的 A350XWB 才增加该功能。

（7）所有波音飞机的结冰探测系统都没有设置结冰指示器，而所有的空中客车飞机（除早期的 A300）都安装有结冰指示器，这是波音和空中客车设计理念的不同引起的。

（8）俄制（包括乌克兰）飞机对尾翼进行防除冰，波音和空中客车飞机都没有尾翼除冰系统。波音和空中客车认为尾翼结冰对飞机操纵的影响有限，俄制飞机则对尾翼结冰非常重视，设计了单独的防除冰系统。我国的 ARJ21 对尾翼结冰的处理和欧美相似。

（9）传感器防冰对飞机的飞行安全非常关键，有多起坠机事故都是因为空速管结冰导致飞机失速引起的。波音和空中客车除了最早期的波音 737 和 A320 需手动打开外，其余型号全部升级为自动开启，且设计了 3 个安全裕度，从概率上保证传感器结冰为基本不可能发生事件。

参 考 文 献

［1］AC 120-58 Pilot Guide Large Aircraft Ground Deicing［S］. FAA，1992.

［2］Bergrun N. Warming Trend for Icing Research［J］. Aerospace America，1955，22-27.

［3］裘燮纲，韩风华. 飞机防冰系统［M］. 航空专业教材审组，1985.

［4］林贵平. 飞机结冰与防冰技术［M］. 北京：北京航空航天大学，2015.

［5］张大林，陈维建. 飞机机翼表面霜状冰结冰过程的模拟［J］. 航空动力学报，2004，19（1）：137-41.

［6］张强，曾义华. 积冰对飞机飞行性能的影响［J］. 北京航空航天大学学报，2006，32（6）：654-657.

［7］卜雪琴，林贵平. 三维内外热耦合计算热气防冰表面温度［J］. 航空动力学报，2008.

［8］姚远，林贵平. 电脉冲除冰系统的建模与计算分析［J］. 飞机设计，2008，28（2）：65-70.

［9］王梓旭. 关于飞机结冰的水滴撞击特性计算与结冰相似准则研究［D］. 绵阳：中国空气动力研究与发展中心，2008.

［10］Electric Ice Protection Systems for New Boeing Airplanes［R］. 2001.

［11］Y7X Pneumatic De-icing System Icing Calculation［R］. 2009.

［12］ZdobyslawGoraj. An Overview of the Deicing and Anti_icing Technologies with Prospects for the Future［C］. 24th International Congress of the Aeronautical Sciences，2004.

［13］NASA Contractor Report CR-174919［R］. Washington DC，May 1985.

［14］辛旭东，王承志. GJB 3575—99 飞机风挡玻璃防冰除雾装置通用规范［S］. 北京：中国人民解放军总装备部，1999.

［15］AC25.1309-1A   System Design and Analysis［S］. FAA，2006.

［16］AC25-25   Performance and Handling Characteristics in the Icing Conditions Specified in Part25，Appendix C［S］. FAA，2007.

［17］朱永峰，方玉峰，封文春. 气囊式除冰系统仿真计算及试验［D］. 11th 人 - 机 - 环境系统工程学会论文. ISBN978-1-935068-83-9，2011.

［18］陈明生，孙耀雄. GJB 2195—94 飞机表面热气加热型防冰系统通用规范［S］. 北京：国防科技工业委员会，1994.

[19] AirCraft Icing Handbook [M] .Version 1. New Zealand：Civil Aviation Authority，2000.

[20] AirCraft Maintenance Manual [M] . Boeing，2003.

[21] AirCraft Maintenance Manual [M] . AirBus，2010.

[22] 沈浩，韩冰冰，刘振侠，等 . 运输类飞机结冰适航合格审定 [M] . 上海：上海交通大学出版社，2018.